ビル風の基礎知識

風工学研究所——編著

鹿島出版会

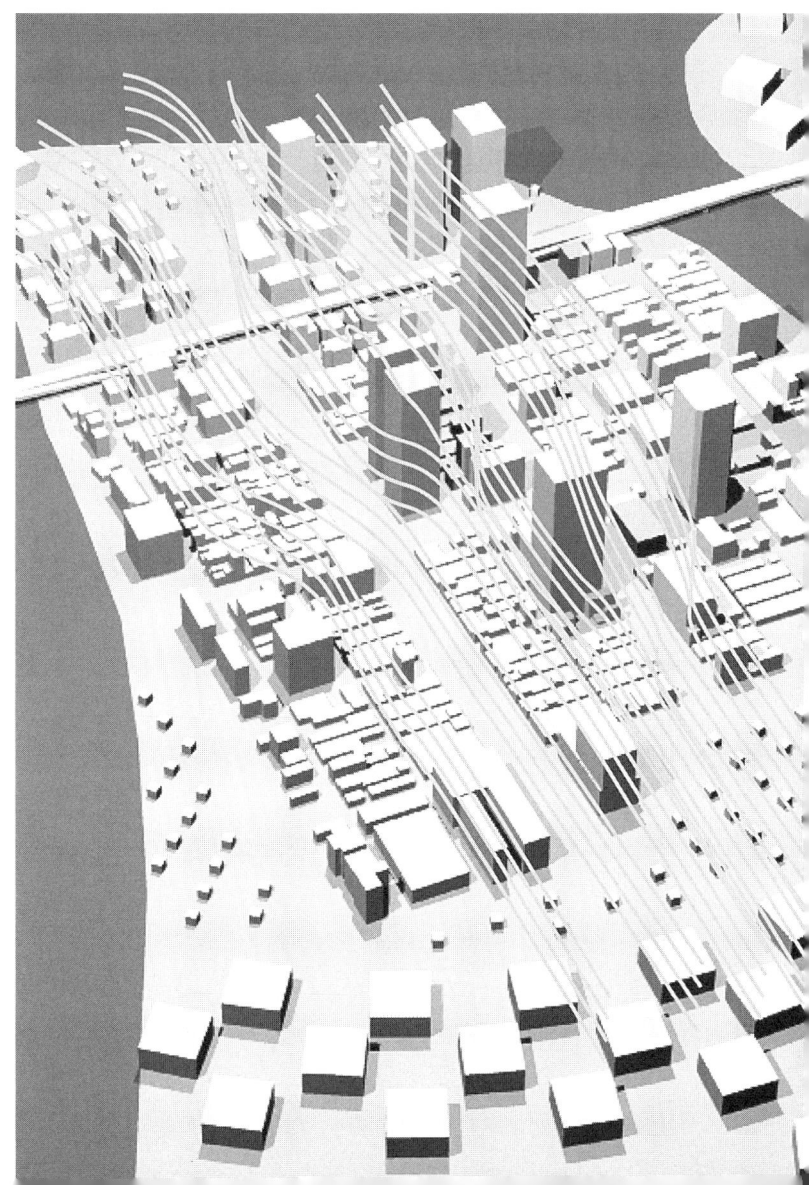

まえがき

　『ビル風の知識』が刊行された後，改訂を加え『新・ビル風の知識』を発行しました。その後，ビル風に関する内容や構成の変更を含め，全面改訂をと思いながら随分年月が経ってしまいました。
　改訂に着手して何が変わったのかと考えると，残念ながら新たに画期的な対策方法が開発されたわけではないように思われます。しかしながら，風環境の確率的な評価手法は定着化し，また，高層建物を建設してもどの程度のレベルまでに風環境を保つことで対応すればよいかという目安が示されました。一方で，住民の方々は，この確率的な評価結果と実感とが結びつかず，よくわからないというのが実情だと思います。実のところ，建設者側もよく理解しているとは思えません。われわれ風工学者だけがわかっているのかもしれません。相変わらず建設者サイドと周辺住民の間でのトラブルは絶えません。
　以上のような観点から，読者として建築設計や企画に携わる人々から住民の方々までを対象としてビル風の全容，特に確率的評価に力を入れてできるだけわかりやすく本書物を作成しました。ただし，幅広い層を対象としているので，あまり初歩的な解説はいらない方，他方で，とても専門的で難しすぎてわからない方がいらっしゃるかと思いますが，必要なところを拾い読みしていただければと考えます。各項のはじめの部分に一般的なことを，後半に少し専門的なことを書くようにしました。ただし，風環境を考える上である程度の知識を習得していただく必要があります。いずれにせよ，建設者サイドは影響の大きな環境変化を避け，住民側としてはある程度の環境変化を許容しながら，お互いに話し合いの中で計画された風環境をつくることが必要だと思います。そのようなときの参考資料となれば幸いです。

本書は本編に加え，資料編およびQ&Aを設けました。本編では教科書的な解説をしたつもりです。第2章の『風の性質』では，ビル風と直接的に関係のないことも含まれますが，気象台で発表される風に関する用語が誤解されて使用されている場面が多く見られたりしますので，あえて本編に盛り込みました。また，第8章の観測もビル風の予測などには直接関係しませんが，最近，検証の面から観測結果が重要となることが多くなっており，ここに加えました。資料編では，実際にビル風問題に直面したときに必要な資料を用意しました。Q&Aは基本編と資料編を組み合わせれば考えることができるものばかりですが，関連する内容と示されている項と関係させ，よくある特定な疑問に対しわかりやすく整理して示しておきました。

　なお，本書は全面的に新しく構成し作成しましたが，以前から変らないところの解説につきましては『新・ビル風の知識』を参考にしました。新・ビル風の知識の著者である吉田正昭さん，藤井邦雄さん，本郷剛さんにはこの点をご理解いただくとともにご功績に敬意を表します。また，合わせて風工学を中心とされる多くの方々の研究成果を引用させていただきました。ここに記して感謝の意を表します。

目　　次

まえがき ……………………………………………………………… 3

第 1 章　ビル風 ……………………………………………………… 9

第 2 章　風の性質 …………………………………………………… 13
2.1　風の基本的な性質 ……………………………………………… 13
2.2　突風率（ガストファクター） ………………………………… 15
2.3　風の鉛直方向分布 ……………………………………………… 16
2.4　乱れの強さ ……………………………………………………… 20
2.5　最大瞬間風速 …………………………………………………… 21

第 3 章　ビル風害 …………………………………………………… 23
3.1　周辺家屋などに及ぼす影響 …………………………………… 23
3.2　日常的な生活環境に及ぼす影響 ……………………………… 25
3.3　歩行者など人体に及ぼす影響 ………………………………… 26

第 4 章　ビル風現象 ………………………………………………… 29
4.1　高層建物周りの流れ …………………………………………… 29
4.2　高層建物周りの風速増加 ……………………………………… 32
　4.2.1　単体建物周りの風速増加 ………………………………… 33
　4.2.2　2 棟隣接建物周りの風速増加 …………………………… 36
　4.2.3　街区内での風速増加 ……………………………………… 39

第5章　予測方法 …………………………………… 43
5.1　風洞実験による方法 ……………………………… 43
5.1.1　風洞実験装置 ………………………………… 44
5.1.2　実験模型 …………………………………… 44
5.1.3　実験気流 …………………………………… 46
5.1.4　実験結果 …………………………………… 46
5.1.5　風洞実験の精度 ……………………………… 48
5.2　流体数値解析による方法 …………………………… 49
5.2.1　解析方法 …………………………………… 50
5.2.2　解析結果および風洞実験との差 ……………………… 51
5.2.3　展望 ……………………………………… 52
5.3　既往の研究成果に基づく方法 ………………………… 53

第6章　風害の評価 …………………………………… 55
6.1　風の確率的な表現 …………………………………… 55
6.2　日常的な風環境の評価 ……………………………… 58
6.2.1　評価指標 …………………………………… 58
6.2.2　評価方法 …………………………………… 65
6.3　強風災害の評価 …………………………………… 70

第7章　ビル風対策 …………………………………… 73
7.1　ビル風対策の基本的な考え方 ………………………… 73
7.2　対策方法と効果 …………………………………… 74
7.2.1　フェンス，樹木による対策 …………………………… 74
7.2.2　低層部や庇による対策 ……………………………… 80
7.2.3　隅切り等による対策 ……………………………… 82
7.2.4　壁面の凹凸による対策 ……………………………… 84
7.2.5　セットバックによる対策 …………………………… 84
7.2.6　中空化による対策 ……………………………… 85

第8章　風の観測 ……………………………………………… 87
8.1　観測期間 ……………………………………………………… 87
8.2　観測地点 ……………………………………………………… 88
8.3　観測方法 ……………………………………………………… 89
8.4　観測機器 ……………………………………………………… 89
8.5　観測結果の解析 ……………………………………………… 90
　　8.5.1　風環境評価指標による検討 …………………………… 90
　　8.5.2　風速比による検討 ……………………………………… 92

参考文献 ………………………………………………………… 95

[資料編] ……………………………………………………… 99
1　関連基準 ……………………………………………………… 99
2　評価指標 ……………………………………………………… 104
3　判　例 ………………………………………………………… 105
4　気象資料 ……………………………………………………… 108
　　4.1　気象庁による地上観測資料 …………………………… 108
　　4.2　大気汚染常時監視測定局 ……………………………… 109
5　風速増加領域（増減率の分布）の事例 …………………… 119
6　ビル風検討例 ………………………………………………… 153
　　6.1　風洞実験による検討例 ………………………………… 153
　　6.2　流体数値解析による検討例 …………………………… 157
　　6.3　既往の研究成果に基づく方法による検討例 ………… 159

[Q&A] ………………………………………………………… 165
（1）　なぜ，高層建物が建設されると風が強くなるの？ ……… 165
（2）　風は何倍になるの？ ……………………………………… 166

（3） ビル風によりどんなことが起こるの？ ……………………… 167
（4） いやな風ってどんな風？ ……………………………………… 167
（5） ベランダの風はどうなるの？ ………………………………… 168
（6） ビル風を防ぐにはどうしたらいいの？ ……………………… 168
（7） 防風植栽はどのくらい効果があるの？ ……………………… 169
（8） 防風対策の具体例を知りたい？ ……………………………… 169
（9） 事故があったら補償されるの？ ……………………………… 170
（10） どこへ相談すればいいの？ …………………………………… 171
（11） 行政の対応はどうなの？ ……………………………………… 171
（12） 法律はどうなっているの？ …………………………………… 172
（13） 判例はあるの？ ………………………………………………… 173
（14） 風の観測はどのように行えばいいの？ ……………………… 173
（15） ビル風の予測方法は？ ………………………………………… 174
（16） 風洞実験とは？ ………………………………………………… 175
（17） 流体数値解析とは？ …………………………………………… 175
（18） ビル風はどのように評価するの？ …………………………… 176
（19） 確率的な評価って？ …………………………………………… 178
（20） 風工学評価と村上評価どちらが厳しいの？ ………………… 178
（21） ビル風の影響範囲はどのくらいなの？ ……………………… 179

INDEX ……………………………………………………………… 180

第1章　ビル風

　現在，ビル風は，風害，周辺気流，風環境など様々な名称で呼ばれているが，わが国でビル風が問題として取りあげられたのは，超高層ビルの霞が関ビルおよび世界貿易センタービルが建設された昭和45年（1970年）頃からである。世界貿易センタービルでは，JR浜松町駅のホームへの影響が取りざたされ，社会問題ともなりこのときは防風ネットを施して対策を講じた。この防風ネットは現在の浜松町駅でも見ることができる。その後，オフィスのみならず高層住宅の建設がはじまり，居住者の老人や幼児への影響，また，都心域ではない郊外での高層住宅の建設も増加し，深刻さはよりいっそう深まった。元来，ビル風の影響は周辺建物高さとの相対差が問題となるもので，たとえば，高さ60mの建物は丸の内のような高層建物街で建設されてもさほど問題とはならないが，低層の住宅地に建設されれば大きな影響を及ぼすこととなる。このようなことから，郊外に建設される中高層建物による風環境問題はいわゆる居住環境への侵害として問題に拍車をかけた。この間，風洞実験や流体数値解析の技術は進み，予測精度は増した。また，ビル風の評価の方法についても確立されつつある。行政側もビル風を環境アセスメントの一環として条例等に盛り込み，建物規模に応じ予測評価の義務付けがなされるようにもなった。他方，一般の住民の方々は，高層建物が数多く建設されてきているので，ビル風の厳しさを肌で感じる機会が増え，より具体的な風障害を提起してきている。それにともない，法廷闘争になる場面も増え，近年，本格的に住民側が勝訴した例も示されている。場合によっては，3，4階建てのさほど高くない建物でもビル風を問題視する場面も出てきている。確かに，多くの都道府県や区市で『中高層建築物の建築に係わる紛争の予防と調整に関する条例』を制定している。東京都を例にすれば，この場合，高さとして10m以上，また

は，地上4階以上の建築物を建設する場合，近隣との紛争を防ぐために，近隣関係住民（敷地境界から計画建築物の高さの2倍）に対して，近隣関係住民からの申し出があった場合には，説明会等の方法により説明することが義務付けられている。あまりにも過敏になることも問題であり，新しい建物が建てられることによる利点も認め，一方では周辺環境を守る観点からの話し合いが必要である。

ところで，近年はビル風を広く環境問題として捉え，通風阻害や大気汚染のように風が弱いときに発生するものまでも含めて扱われる場合がある。適風環境と題して評価指標の提案もあるが（日本建築学会，文献[1.1]以下同），環境影響評価制度では影響度合が強風ほど明確ではないことから，評価を行うことは難しく，評価指標は制度に取り込まれていないのが実状である。

ビル風の全体の流れを理解する意味で，過去の経験から得られたビル風の標準的な検討フローを示す。以後，各章で内容を説明していくが，各章の全体のフローの位置付けや他章との係り合いを確認するのに役立てていただきたい。検討フローは図1.1に示す。

まず，ビル風の検討の必要性であるが，ある規模以上の建物はアセスメント条例などの法的義務付けがある場合がある。なければ，風の強い場所であるか，近くに風に敏感な施設があるかなどによって必要性を検討することとなる。もちろん，近隣住民の方々が『中高層建築物の建築に係わる紛争の予防と調整に関する条例』に基づき検討の必要性を求めた場合には説明の義務がある。調査の必要性があれば，次にどのような方法によるかを決めることとなる。これも，行政で指定している場合もある。そうでなければ，低層建物などが均質に建ち並ぶような周辺状況で，比較的影響が少ないと判断される場合には既往の調査結果等から類推する方法でもよいが，大きな影響が予測され，かなりの対策の検討まで必要と思われる場合には風洞実験を選ぶのがよい。次に，風洞実験などから得られた結果と気象資料から風速の発生頻度等を解析的に求める。その結果から評価を行い，目的のレベルを達成できなければ対策を施し風洞実験などを繰り返し行う。

第1章 ビル風　11

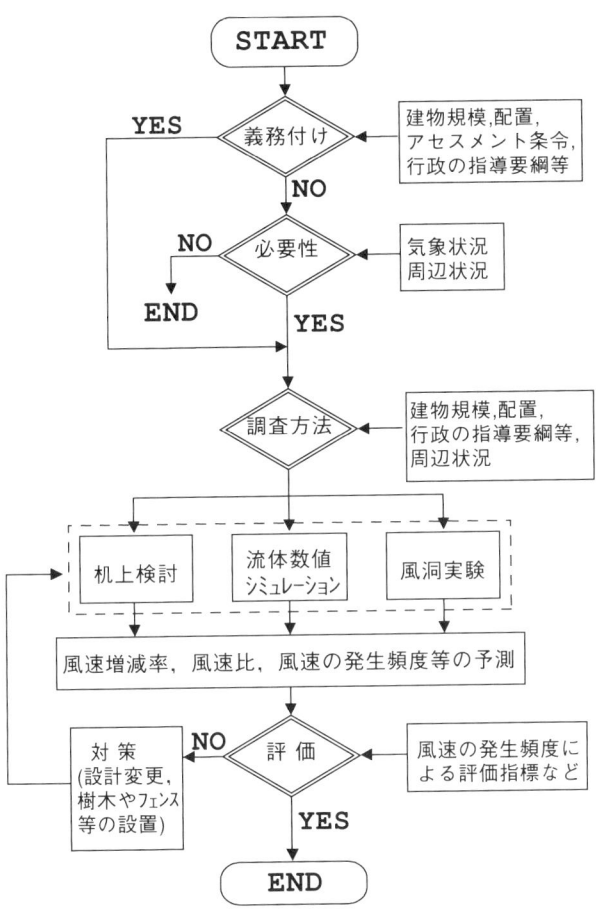

図 1.1　ビル風の検討フロー

第2章　風の性質

　この章では風の性質について述べる。新聞やテレビでは明確な定義をせずに風について報道するが，平均風速なのか最大瞬間風速なのかで大きく値は変わるし，また，どの高さで観測されたものなのかでも大きく値が異なる。そのような風の定義を理解することはビル風を考える上で重要なことである。章の後半では少し難しい式がでてくるが，飛ばしていただいてもよく，ただし，上空に行くにつれ風が強くなる性質などの定性的な傾向は読み取っていただきたい。

2．1　風の基本的な性質

　風は風向（風の向き）と風速（速さ）で表される。風向は，一般的に，北，北北東，北東，東北東，東，東南東，南東，南南東，南，南南西，南西，西南西，西，西北西，北西，北北西の16方位で示され吹い

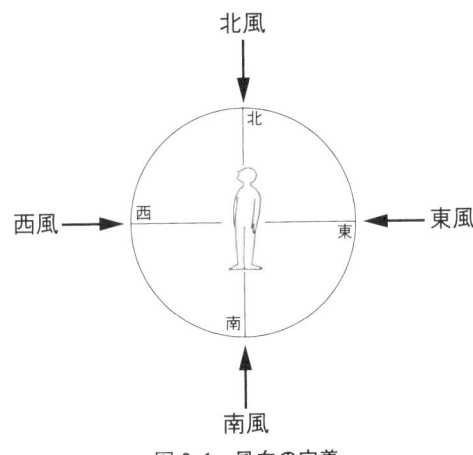

図2.1　風向の定義

てくる方向で表される（図2.1）。すなわち，北風とは北から南に向かって吹く風を示す。風速の単位は m/s，すなわち，1秒間に空気が何

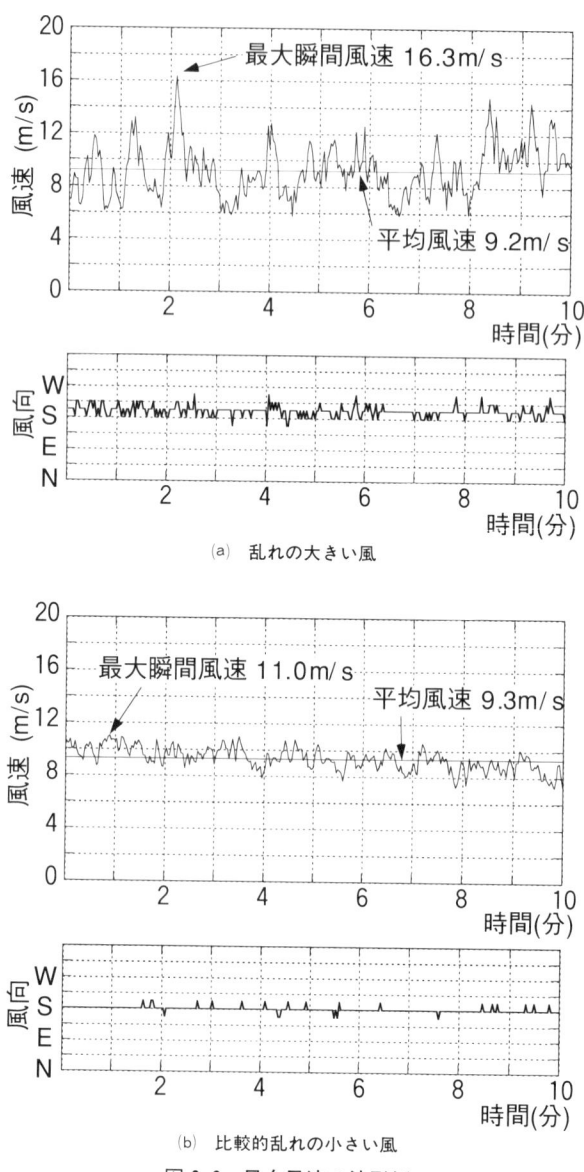

(a) 乱れの大きい風

(b) 比較的乱れの小さい風

図2.2　風向風速の波形例

メートル動くかで示される。

　図 2.2 は自然の風の波形を示したものである。平均的な成分を中心として大きく変動している様子がわかる。わが国では，風は 10 分間単位で表す。したがって，10 分間中の風速の平均値を平均風速（単に風速とも称される），10 分間中の最大値を最大瞬間風速と呼ぶ。風向は平均値（単に風向とも称される）および最大瞬間風速が発生したときの風向で示される。図 2.2(a) の風は平均風速 9.2 m/s，風向は SSW（南南西），最大瞬間風速 16.3 m/s でそのときの風向が SSW である。同図(a)に比べ(b)の風速は振れ幅が小さいことから，乱れが小さく，風向の変動も小さいことがわかる。

　風向風速は 10 分間で定義されるので 1 日に 144 個（24×6）のデータが記録される。このうち，平均風速の最大値を日最大風速，最大瞬間風速の最大値を日最大瞬間風速と呼ぶ。

2.2　突風率（ガストファクター）

　平均風速 U と最大瞬間風速 $U_{\max}$ の比率を突風率 G_f，あるいはガストファクターといい，風の変動の度合を表すのに用いられる。海岸のような障害物の少ないところでは 1.5 程度，街中の障害物の多いところでは 2〜3 程度の値が示される。

$$G_f = \frac{U_{\max}}{U} \qquad (2.2.1)$$

ちなみに，図 2.2 の(a)の乱れの大きい風のガストファクターは 1.8，(b)の乱れの比較的小さい風のガストファクターは 1.2 である。

　同様に，風の変動の度合を表すパラメータに乱れの強さがある。風速変動の標準偏差を平均風速で割った値である。乱れの強さの詳細は 2.4 項でふれることとする。

2.3 風の鉛直方向分布

　自然の風は，上空に行くにつれ風速は増加し，乱れは減少する。この性質は風上側の地表面の粗度の状況によって変化する。要するに，海岸のようなところに比べて都心域では，風にとっての障害物が多く地上付近の風速が弱められ，同時に乱れが大きくなるという性質があるということである。風速について，高さ方向変化（風速の鉛直分布）を模式的に示せば，図2.3のようになる。

　これらの地表面粗度の状況と風の関係について数多くの研究例から，建築基準法の施行令や日本建築学会編建築物荷重指針・同解説［2.3.1］では風速の鉛直分布を（2.3.1）式のべき指数分布の式で示している。

$$E_r = 1.7 \left(\frac{Z}{Z_G}\right)^\alpha \qquad (2.3.1)$$

ここに，Zは高さ，べき指数αおよびZ_Gは表2.1および表2.2に示す周辺地域の地表面の状況に応じて，表2.3により定める。また，ZがZ_b以下の場合には$Z=Z_b$とする。

　日本建築学会編建築物荷重指針・同解説は，わが国の基準類の中で最新の風に関する知見が盛り込まれたもので，高層ビルなどを含む多くの

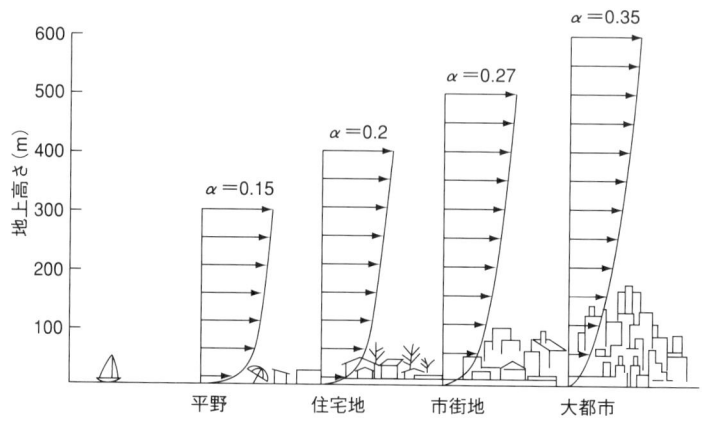

図2.3　地表面の状況と風速の高さ方向分布の状況

表 2.1　施行令による地表面粗度区分

地表面粗度区分	周辺地域の地表面の状況
I	都市計画区域外にあって，極めて平坦で障害物がないものとして特性行政庁が規則で定める区域
II	都市計画区域外にあって地表面粗度区分Iの区域以外の区域（建築物の高さが13 m以下の場合を除く。）又は都市計画区域内にあって地表面粗度区分IVの区域以外の区域のうち，海岸線又は湖岸線（対岸までの距離が1,500 m以上のものに限る。以下同じ。）までの距離が500 m以内の地域（ただし，建築物の高さが13 m以下である場合又は当該海岸線若しくは湖岸線からの距離が200 mを超え，かつ，建築物の高さが31 m以下である場合を除く。）
III	地表面粗度区分I，II又はIV以外の区域
IV	都市計画区域内にあって，都市化が極めて著しいものとして特定行政庁が規則で定める区域

表 2.2　荷重指針による地表面粗度区分 [2.3.1]

地表面粗度区分		周辺地域の地表面の状況
滑	I	海上のようなほとんど障害物のない平坦地
↑	II	田園地帯や草原のような，農作物程度の障害物がある平坦地，樹木・低層建築物などが散在している平坦地
	III	樹木・低層建築物が密集する地域，あるいは中層建築物（4～9階）が散在している地域
↓	IV	中層建築物（4～9階）が主となる市街地
粗	V	高層建築物（10階以上）が密集する市街地

表 2.3　風速分布パラメータ

	荷重指針				
		施行令			
地表面粗度区分	I	II	III	IV	V
Z_b (m)	5	5	10(5)	20(10)	30
Z_G (m)	250	350	450	550	650
α (べき指数)	0.1	0.15	0.2	0.27	0.35

表中の（　）は，施行令の数値を表す。

建築物のガイドラインとして，また，建築基準法施行令の風荷重算定のもとにもなっているものである。以下，『荷重指針』と記して引用する。

　なお，表2.2における地表面粗度区分の判断に際し，建設地の風上側

の $40H$（H：建物高さ）かつ 3 km 以内で，建設地に向かって滑らかな状態から粗い状態に地表面粗度が変化している場合は，地表面粗度変化地点より風上側領域での地表面粗度区分を建設地の地表面粗度区分と見なすようにとされている。

(2.3.1) 式の鉛直分布係数を図で表現すると図 2.4 のようになる。下層部で風速を一様としているのは，実際に下層部の風は様々な障害物などの影響でべき指数分布が成り立たず，少し安全側（大きめの値となる側）の数値としてこのようにしている。

図 2.4 は風速値ではなく風速の鉛直分布係数として示しているが，数値の細かな意味は文献 [2.3.1] を参考にしていただくこととし，風速の強弱の程度を示すものと理解すればよい。たとえば，図 2.4 から地表面粗度区分Ⅲの高さ 10 m での風速が 10 m/s のとき，他の地表面粗度区分別での風速はどのようになるかを示すと表 2.4 のようになる。

要するに図 2.4 の意味するところは，元来鉛直方向に一様の風が吹いているものが，地表面の粗度の摩擦によって風速が弱められ，その影響は地表面の粗度の状況が粗いほど上空まで及ぶ。同時に，地表面の粗度の状況が粗いほど地上付近の風速が弱められているということである。実際に，海岸近くの風に比べ内陸部の風が弱いのは，この地表面の摩擦

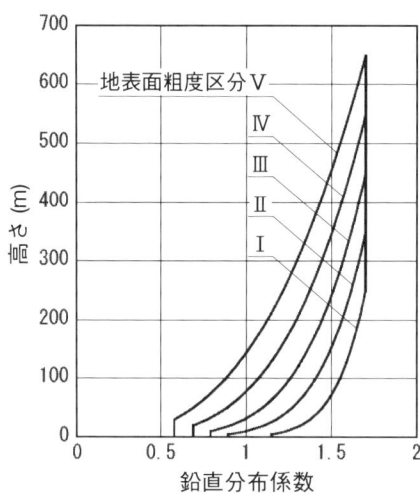

図 2.4　風速の鉛直分布係数（荷重指針による）

表 2.4 地表面粗度区分Ⅲの高さ 10 m での風速が 10 m/s のときの他の高さ，他の地表面粗度区分別での風速

地表面粗度区分	地上5 m	地上10 m	地上30 m
I	14.5 m/s	15.5 m/s	17.3 m/s
II	11.3 m/s	12.6 m/s	14.8 m/s
III	10.0 m/s	10.0 m/s	12.5 m/s
IV	8.8 m/s	8.8 m/s	9.8 m/s
V	7.3 m/s	7.3 m/s	7.3 m/s

の影響によるところが大きい。

図 2.4 の考えに従えば，地表面粗度の異なる地域での風を参考にすると，風速が異なることになる。たとえば，地表面粗度区分Ⅱの地域で地上高さ 20 m での風速が 30 m/s と観測された場合，同じときの地表面粗度区分Ⅳの地域では同じ高さの地上高さ 20 m であっても風速は 30 m/s ではなく，19 m/s の風速であるということにある。この計算は以下のプロセスにより算定できる。

① 地表面粗度区分Ⅱの地域での高さ 20 m の風速 30 m/s を高さ Z_G での風速にする。

$$U_{\mathrm{II},Z_G} = 30\left(\frac{350}{20}\right)^{0.15} = 46.1$$

② この風速と地表面粗度区分Ⅳの高さ Z_G における風速は同じであるので，地上 20 m 高さでの風速にする。

$$U_{\mathrm{IV},20} = 46.1\left(\frac{20}{550}\right)^{0.27} = 18.8$$

要するに，開けたところでの 30 m/s の風が都市域に入り建物などの障害物の影響で風速低減し，19 m/s となるということである。このような風速の補正を地表面粗度区分補正ということがある。

以上の関係は厳密な現象を気象学的に忠実に表現されたものではなく，建築分野の設計風速などを定めるために工学的な見地から便宜的に定めたものである。図 2.4 において Z_G 以上の数値が 1.7 となっているのは設計風速との関連で定められたもので，ここで問題としている風速

の鉛直分布そのものには特別な意味のあるものではなく，単に鉛直分布のみについて考えるのであれば α のみが問題となる。また，地表面の粗度の状況と α との関係は多くの観測結果などとよく対応した値である。(2.3.1) 式から 2 つの高さの風速の比率を求める式を導けば次に示すようになる。

$$\frac{V_{Z1}}{V_{Z2}}=\left(\frac{Z_1}{Z_2}\right)^{\alpha} \qquad (2.3.2)$$

V_{Z1}：高さ Z_1 における風速
V_{Z2}：高さ Z_2 における風速

たとえば，地表面粗度区分Ⅲ（$\alpha=0.2$）では，高さ 10 m の風速と 20 m の風速の比率は 1.15 と計算できる。

2.4 乱れの強さ

自然風は一定の風速で吹くのではなく，時々刻々に変化している。この変化の度合を表すものとして (2.4.1) 式の乱れの強さ I がある。

$$I=\frac{\sigma_u}{U} \qquad (2.4.1)$$

σ_u：変動風速 u の標準偏差
U：平均風速

この乱れの強さの鉛直分布は，荷重指針では (2.4.2) 式で定められている。

$$I_Z=0.1(Z/Z_G)^{-\alpha-0.05} \qquad (2.4.2)$$

I_Z：高さ Z での乱れの強さ
α：べき指数で，先の表 2.3 に示される値
Z_G：上空風高度で，先の表 2.3 に示される値

ただし，Z が Z_b 以下の場合には $Z=Z_b$ とする。たとえば，地表面粗度区分がⅣであれば (2.4.2) 式は次式となる。

$$I_Z=0.1(Z/550)^{-0.32} \qquad (2.4.3)$$

以上の関係を図で示せば図 2.5 のようになる。乱れの強さは地表面に近

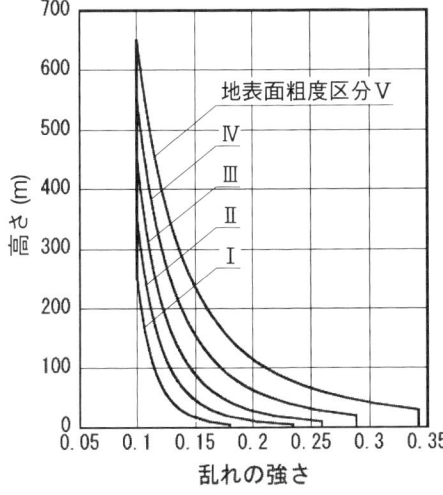

図 2.5 乱れの強さ（荷重指針による）

づくほど大きく，また，地表面粗度区分が大きくなるほど大きくなる傾向が示される。

2．5　最大瞬間風速

最大瞬間風速 U_{max} は (2.2.1) 式の突風率 G_f の関係を用いて次式のように表される。

$$U_{max} = UG_f \tag{2.5.1}$$

　　　U：平均風速

乱れの強さも風速の変動の程度を示すものであり，突風率とはおよそ以下の関係にある。

$$G_f = 1 + 3.5I \tag{2.5.2}$$

この関係を用い，地表面粗度区分Ⅲの高さ 10 m での最大瞬間風速が 10 m/s のとき，他の地表面粗度区分別での風速はどのようになるかを示すと表 2.5 のようになる。

平均風速に関して示した表 2.4 に比べ，最大瞬間風速のほうが地表面粗度区分や高さの差による風速の差が小さいことがわかる。

表 2.5 地表面粗度区分Ⅲの高さ 10 m での最大瞬間風速が 10 m/s のときの他の高さ，他の地表面粗度区分別での最大瞬間風速

地表面粗度区分	地上5 m	地上10 m	地上30 m
Ⅰ	12.4 m/s	12.8 m/s	13.5 m/s
Ⅱ	10.8 m/s	11.3 m/s	12.2 m/s
Ⅲ	10.0 m/s	10.0 m/s	11.0 m/s
Ⅳ	9.2 m/s	9.2 m/s	9.7 m/s
Ⅴ	8.4 m/s	8.4 m/s	8.4 m/s

第3章　ビル風害

　この章では高層建物が建設されてその周辺でどのような風による障害が発生するかについて示す。

　ビル風害も通常の風害も結果的には特別な違いはなく，単にビル風によって生じる風害をビル風害と呼んでいる。ビル風によって生じる障害は，十分に理解されているわけではないが，高層建物周りで生じる渦などの特殊な流れが直接的に関係するのではなく，主にビル風によって風速が増加することによって発生する。したがって，近くに高層建物がなくても台風の接近時や春嵐などのときにも体験していることである。ただし，そのような風害の頻度がビル風の影響で高まることが問題となり，それが『ビル風害』ということとなる。たとえば，「高層建物が建設されてからビル風で窓がばたつき眠れない日が増えた」，などとはよく聞くことであるが，今までにも起きていた現象にも係らず，めったに起こらなかったため気にならなかったという例が多く見られる。

　以下にビル風害の例を紹介する。なお，高層建物自体がビル風害の影響を最も強く受ける。出入り口からの風の吹き込み防止のため危険でうっとおしい回転扉の設置，厳しい吹き降ろしを防ぐための大きな庇(ひさし)の設置などが余儀なくされている。以下にあげるような様々な風による影響を高層建物利用者のために極力避けるような配慮が必要である。

3.1　周辺家屋などに及ぼす影響

　周辺家屋などに及ぼす影響には次のようなものがあげられる。

- (a) 建物の倒壊
- (b) 庇や屋根瓦の飛散
- (c) 窓ガラスの飛散
- (d) 家屋の揺れや窓などのばたつき
- (e) 看板の飛散
- (f) 飛来物による2次的被害
- (g) 車の転倒

表 3.1 平均風速と風現象(最大瞬間風速は下記風速の1.5〜2倍程度)[3.1.1]

平均風速	風現象	備考
風速5 m/s 前後	・個材の渦励振などの始まり	
風速10〜15 m/s	・傘が壊れる ・超高層ビルで風揺れを感じ始める	(15 m/s:東京で年1回)
風速20 m/s 前後	・超高層ビルで風揺れ不安感,船酔い ・ガレージシャッター破損 ・歩行者の転倒	
風速25 m/s 前後	・瓦の飛散 ・飛散物によるガラス窓の破壊	
風速30 m/s 前後	・ブロック塀の倒壊 ・鉄板屋根の飛散 ・木造住宅の倒壊が始まる ・墓石の転倒	
風速35 m/s 前後	・風圧によるガラスの破損	(34 m/s:東京で50年に1回)
風速40 m/s 前後	・超高層ビルのガラス窓や外装材破壊	(40 m/s:東京で200年に1回)
風速45 m/s 前後	・超高層ビルの骨組みの一部が塑性化	(43 m/s:東京で500年に1回)

　以上は,すべてかなり強い風のときに生じるもので,ビル風に限ったことではないが,特に屋根に関する事故は強風時の代表的な災害である。表3.1には風速と風による各種障害との関係を示す。ただし,風現象は対象となるものの強度の差や老朽化などと関係するので平均的な一応の目安を示すものである。

　表中の東京で50年に1回などの表現があるが,これは34 m/s 以上の風が平均50年の間隔で発生することを意味する。話し言葉でいえば,50年に1度の強風である。

図 3.1　ビル風による屋根瓦の飛散および車の転倒

いずれにしても，このような事故を未然に防ぐには日常の建物の保守管理も必要である。たとえ高層建物の建設による影響で風災害が起きても，あまりにも老朽化が進んでいるような建物の場合，責任の所在は建設者サイドになるとは限らない。

3．2　日常的な生活環境に及ぼす影響

日常的な被害は数限りなくあると思われるが主なものを列記すれば以下に示すようになる。

- (a) 埃の発生
- (b) 雨の吹き込み
- (c) ドアの開閉の困難
- (d) 洗濯物の飛散やばたつき
- (e) プランターの転倒
- (f) 周辺建物のベランダ内での障害
- (g) 樹木の変形
- (h) 風騒音（風切音）
- (i) 換気扇の逆流
- (j) 屋外店舗への営業妨害
- (k) 高速道路や鉄道など交通障害

以上は，日常よく吹く程度の強風時に生じる現象である。もちろん，ビル風の影響がなくても経験するものである。風が強いときに，前にある小学校のグランドの砂埃がひどい，扉が開きにくい，ビュービューと風切音がうるさい，換気扇がよく排気しない，などよく経験する。これらの障害がビル風により頻度が増し，問題となる。図3.2の写真は樹木

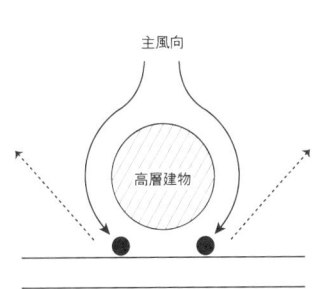

図3.2　風による日常的な被害状況

の変形例である。この樹木は，円形平面の建物近くにある樹木で，頻度の高い風向と建物と樹木の位置関係によって生じたものである。あまり強い風でなくても頻度が高いとこのようなことが起こる。

3．3　歩行者など人体に及ぼす影響

歩行者など人体に与える風の影響には次に示すようなことが考えられる。

(a)　衣服や髪の乱れ　　(b)　歩行困難
(c)　傘の破損　　　　　(d)　突風による転倒
(e)　風による冷寒

以上も，3．2項の日常的な障害と同様に，よく経験することである。極端な場合ではあるが『高層建物近くの歩行者がビル風で吹き飛ばされ大怪我をした』などという報告もある。ただし，ここにあげられる現象は人間に関係しているので，対象者の年齢，性別，服装などに関係するし，気温にも左右される。たとえば，風速 5 m/s の風は，若い男性にとってはあまり気にならないかもしれないが，幼児や老人にとっては厳しい。また，夏の暑いときは涼しく心地よいかもしれないが，冬は冷たく厳しいものである。表3.2は歩行者の風による体感と瞬間風速との関係を検討した一例である。同表より，瞬間風速が 5 m/s を超えると風により不快を感じるようである。

表3.2　強風による歩行障害の評価指標（瞬間風速 U_{3-sec} m/s）[3.3.1]

U_{3-sec}	<5	10		15<U_{3-sec} m/s
正常	少々影響あり	かなり影響あり		相当影響あり
ほぼ正常に歩行することができる。女性は髪・スカートが多少乱れる。	歩調が少々乱れる。髪・スカートが乱れる。	歩行は乱される。意志通りの歩行は困難。上体は傾く。		意志通りの歩行は不可能。風に飛ばされそうになる。

(注)　1．下記の場合はこれにより低い風速に下げる必要がある（乱れ強さが極端に大きい場合，老人の場合）。
　　　2．平均風速に基づいた評価尺度が必要な場合は，この尺度からピークファクター，ガストファクター等を用いて換算すればよい。

図 3.3 風による歩行者などへの被害状況

　図 3.3 は高層ビル街でビル風による強風によって，衣服や髪が乱されたり，身体が風であおられたりしている例である。

第4章 ビル風現象

　この章ではビル風の現象について述べるが，4．1項では現象そのもの，すなわち，高層建物近くの流れにどのようなものがあるのかについて示す。4．2項ではそれらの現象がどのような場所に発生し，どの程度の風速増加を生じさせるのかについて示す。ただし，ここではわかりやすくするために少し極端な表現をしているところもあり，それほど明瞭な現象とならないものもある。

4．1　高層建物周りの流れ

　建築物周りの流れは，地表面の地形や建物などの影響を受けた乱流中（乱れた流れ）にある3次元物体周りの流れで，かつ地上付近という非常に限られた複雑な部分での流れを扱うこととなり，理論的に現象を説明することができない面が多く含まれる。
　風速が増加する原理を簡単に説明すると，高層建物がないときにそこを通過していた風が高層建物の建設によりせき止められ，建物の頂部あるいは両サイドに廻り込む。廻り込んだ流れは，消滅することはできないのでその部分で多くの風を流さなければならず加速する。その結果，建物の頂部あるいは両サイドを廻り込む風速が高まることとなる。多くが建物頂部を超える流れであれば，地上付近への影響は少ないが，高層建物の場合，頂部を超えるものよりサイドを廻り込む流れが多く，地上付近の風速への影響が強まることとなる。
　以下に，高層建物周りで風速が増加する点に着目し，特徴ある流れを説明する。

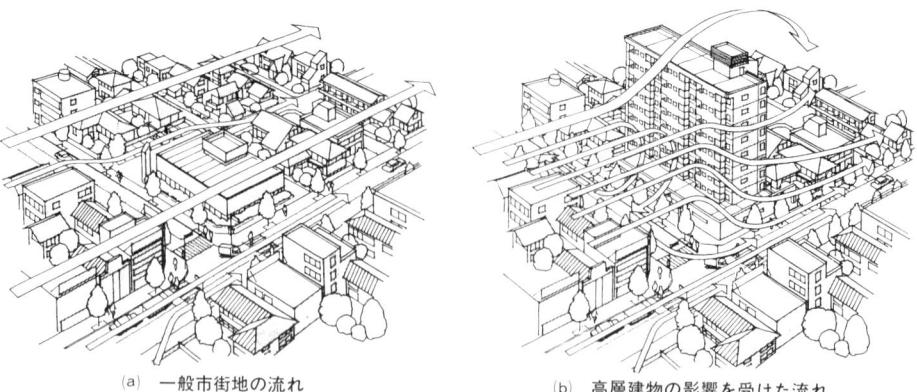

(a) 一般市街地の流れ　　　(b) 高層建物の影響を受けた流れ
図 4.1　ビル風で風が強くなる模式的な表現

(1) 剥離流および吹き降ろし

ビル風で最も問題となる風は，図 4.1 に示す建物両サイドからの剥離流と吹き降ろしである。

剥離流とは，建物に当った風が風上面に沿って流れ，その後に建物の隅角部から剥離した流れをいう。剥離するから風速が強まるということではなく，剥離する流れは先に述べたように建物の両サイドに寄せられ，縮流されるため強い流れとなる。吹き降ろしとは，建物両サイドで上方から下方に斜めに向かう強い流れをいう。建物に吹きつけた風が建物高さの上方に向かうものと下方に向かうものとに分かれる。その分岐点はおよそ建物高さの 2/3 とされ，この下方に向かう流れが吹き降ろし

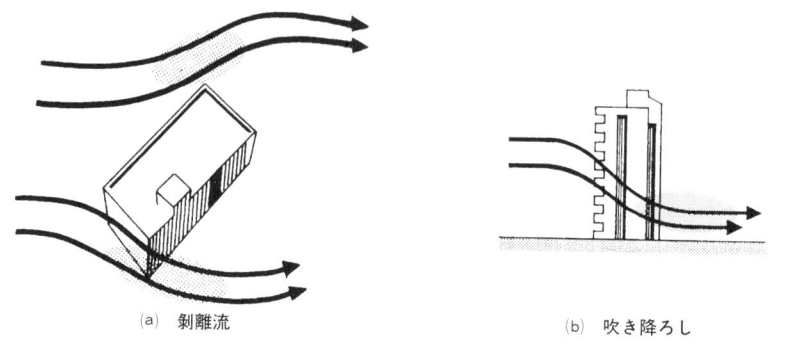

(a) 剥離流　　　(b) 吹き降ろし
図 4.2　剥離流および吹き降ろし

を生じさせることとなる。したがって，この吹き降ろしは建物の高さが高いほど顕著になり，それだけ上空の速い風を地上付近に引きずり降ろすこととなる。

以上，剝離流，吹き降ろしは分けて説明される場合が多いが，現象としては両者相まって生じるものである。また，これらの現象はいずれの風向のときにも生じるもので，以下に述べる特定の風向のときに生じる流れに比べ，いずれの高層建物においてもビル風として必ず問題になる流れである。

(2) 逆　流

逆流は，図4.3に示すような流れで，建物の壁面に吹きつけた風が上下に分かれ，下方に向かう風が建物風上面で渦を形成することにより発生する。このとき，地上付近では上空とは逆向きの風となり，逆流と呼ばれる。この逆流は建物がかなり高い場合や，建物全面に低層建物がバランスよくあるような場合により強い風速となり，ビル風として問題となることがある。

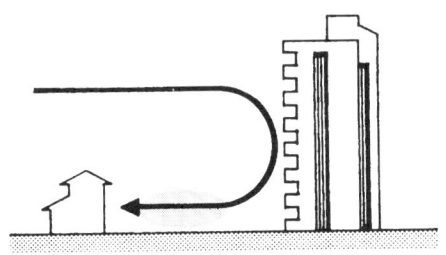

図4.3　逆流

(3) 谷間風

2棟の建物が隣接して建設されるとその間での風速が高まる（図4.4参照）。これは2棟の建物それぞれから発生する剝離流および吹き降ろしが重ね合わさったことにより発生するもので，谷間風と呼ばれる。2つの建物の形状および隣棟間隔により風速の強弱が決まる。道路の両側に比較的高い建物があるようなときには谷間風が連続して発生するよう

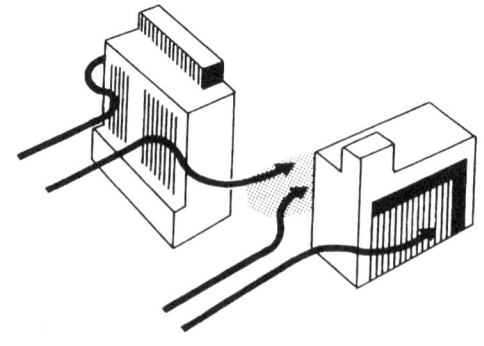

図 4.4　谷間風

な状況となる。このような場合，道路風，街路風などと呼ばれることがある。

　以上のような現象は，剝離流や吹き降ろしと異なり，谷間に風が吹き込むような特定な風向のときにのみ発生する。

(4) ピロティ風

　建物の一部にある貫通部分，あるいはピロティでは風が吹き抜けるため風速が高まる。この流れに特定の名称はないが開口部風あるいはピロティ風ということがある（図 4.5 参照）。

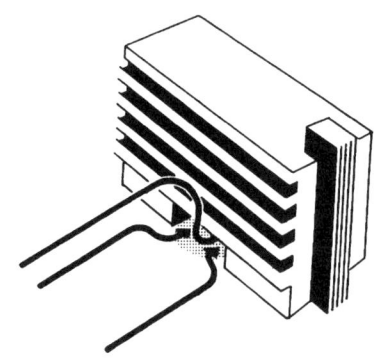

図 4.5　ピロティ風

4.2　高層建物周りの風速増加

　4.1 項では高層建物周りの特徴的な流れを現象的に説明した。ここ

では，これらの流れがどのようなところで風速を増加させ，その強さがどの程度であるかについて示す．

4.2.1 単体建物周りの風速増加

図4.6に基本形状の建物周りの風速分布の例を示す［4.2.0］．図中の数値は，建物がない場合の風速で建物が建設された場合の風速を除した風速増減率である．風速増減率は風速増加率と呼ばれることもある．すなわち，この値が1を超えていれば，建物建設により風速が増加したこととなる．同図の建物サイドに風速増減率1.1や1.2の領域が示されているが，これが剥離流や吹き降ろしにより風速が1，2割増加した部分である．同図の(a)～(c)は実験時の気流の平均風速の分布の差である．すなわち，建物形状は全く同じで実験したときの気流の平均風速の分布が違う（べき指数の差）のみである．平均風速の分布については2.2項で示したように，$\alpha=0.14$に比べ$\alpha=0.31$の方が都市域での風に近づき地上付近の風は上空の風に比べより小さい傾向が示される．これより気流による風速増減率の差はあるが，さほど大きなものではないことがわかる．

図4.7は平面形状を変えずに建物高さを変化させたもので，建物高さ

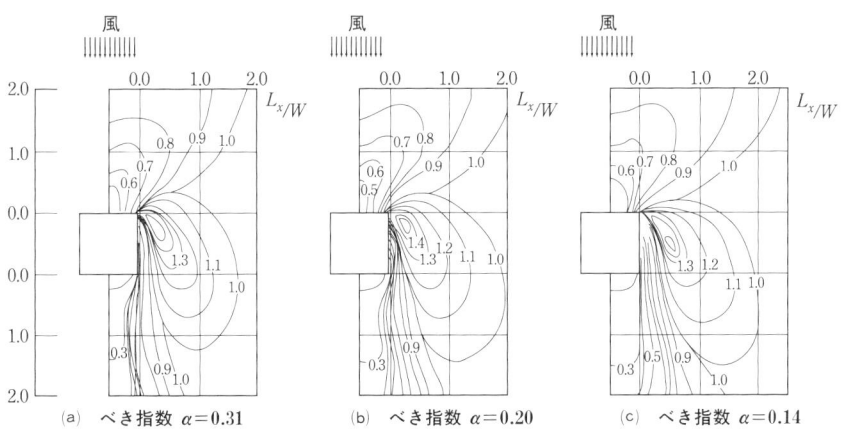

図4.6 風速増減率の入力気流による差 ［4.2.0］

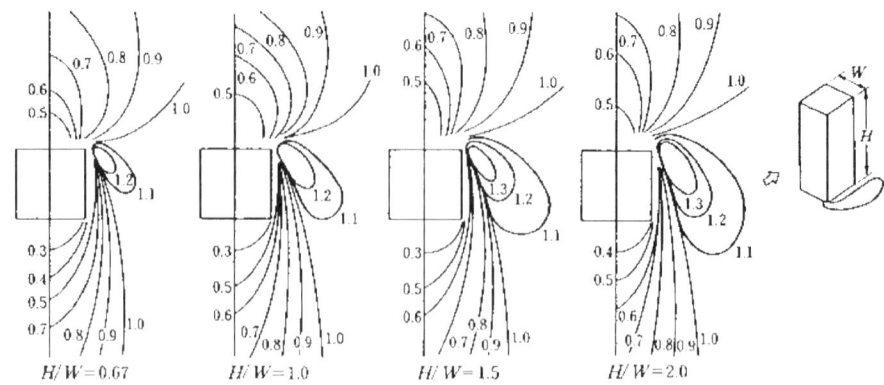

図 4.7　建物高さによる風速増減率の変化 ［4.2.1］

の増加とともに風速増減率が大きくなることがわかる。

　風速増減率1.0あるいは1.1以上の領域を風速増加領域と呼ぶことがある。図4.8に建物の幅Wと奥行Dの差による風速増加領域の変化を示す。同図の左側の図は建物の幅による風速増加領域の差を，右側の図は奥行の差による風速の増加領域の変化を示している。それぞれの図の左右は平均風速の分布の違いによる差を示している。建物の奥行の影響は高さや幅によるものに比べて小さい。また，建物壁面からの広がりが小さいため，風速増加領域が敷地内で収まるなどの可能性がある。

　図4.9は平面形状の差による影響，図4.10は風向角による影響を示

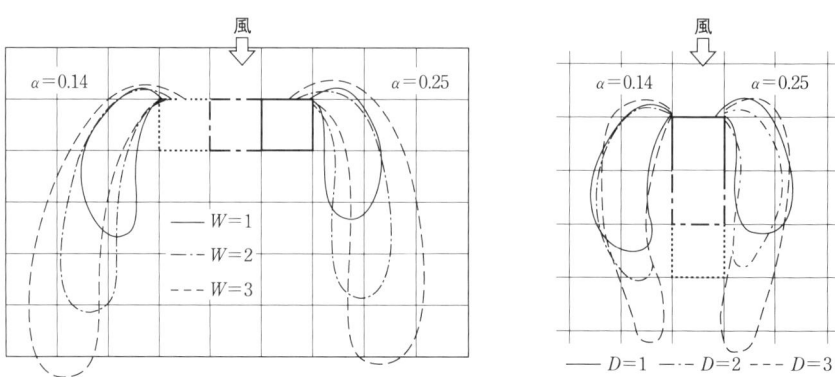

図 4.8　建物幅および奥行による風速比の変化 ［4.2.2］

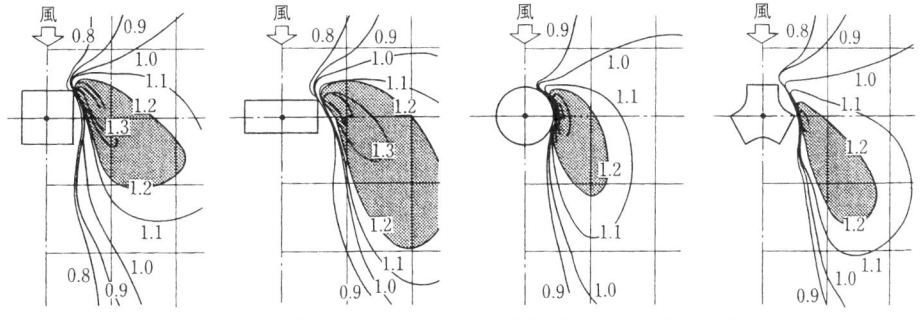

図 4.9　建物の平面形状による風速増減率の変化 [4.2.3]

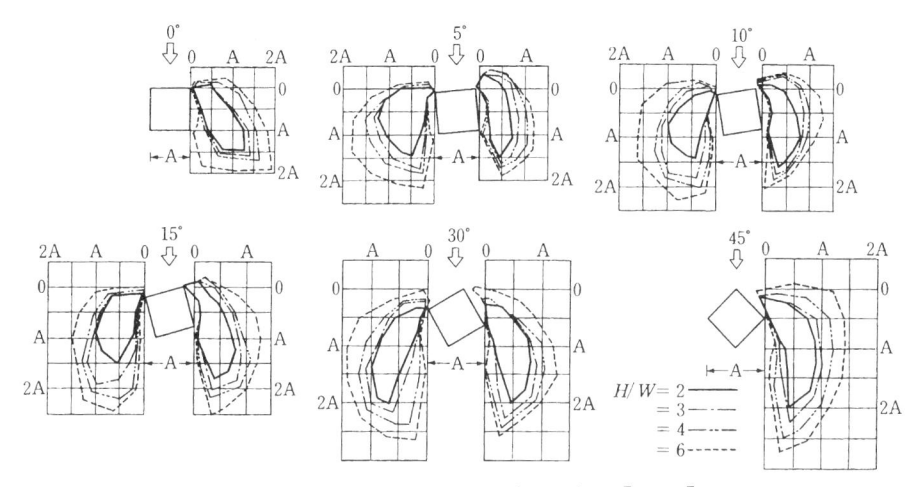

図 4.10　風向角による風速増減率の変化 [4.2.4]

したものである。これらの結果から，一般的に風に対して見つけ面が大きいものほど風速増加領域は大きくなり，形状的には円形のようにより流線型に近づくほど風速増加領域が小さくなる傾向にあることがわかる。ただし，いずれも風向に対し建物の両サイドの位置で風速が増加していることは，みな同じ傾向である。これは先にも述べたが，そこを通過して流れようとしていた風が，高層建物の出現で塞がれるため，両サイドを流れて行からざるをえないために生じるものである。

　以上は，歩行者など地上付近の風の現象を対象としているが，これより高い部分では上空に行くにつれ風速増加の割合は小さくなる傾向にあ

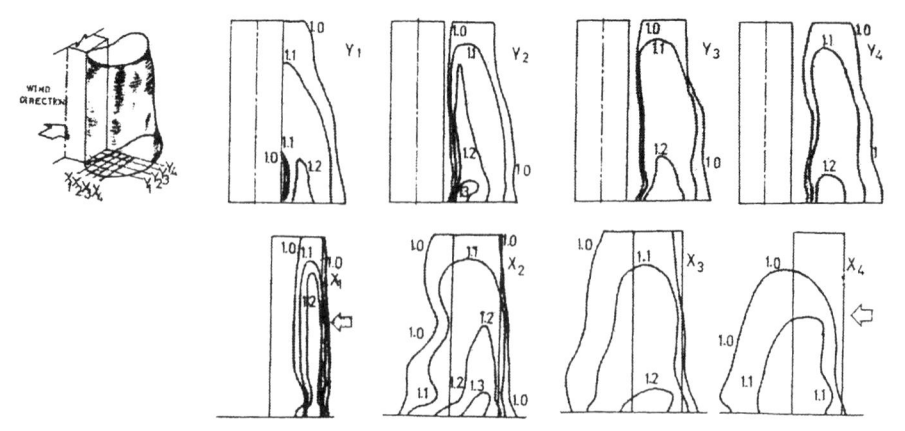

図 4.11　風速増加領域内の風速増減率の鉛直方向変化［4.2.5］

る。図 4.11 は高層建物の風速増減率 1 以上の領域を立体的に描いたものであるが，上空ほど風速増加率が小さくなる様子がうかがえる。ただし，あくまでも増加の割合が上空ほど小さいということで，上空ではもともとの風速が大きいので，風速自体は上空ほど大きいことに注意を要する。

4.2.2　2 棟隣接建物周りの風速増加

(1)　谷間風

図 4.12 は 2 棟の建物が隣接して建設された場合の風速増減率を示すものである。隣棟間で両建物の相互作用で高い風速増減率が示されてい

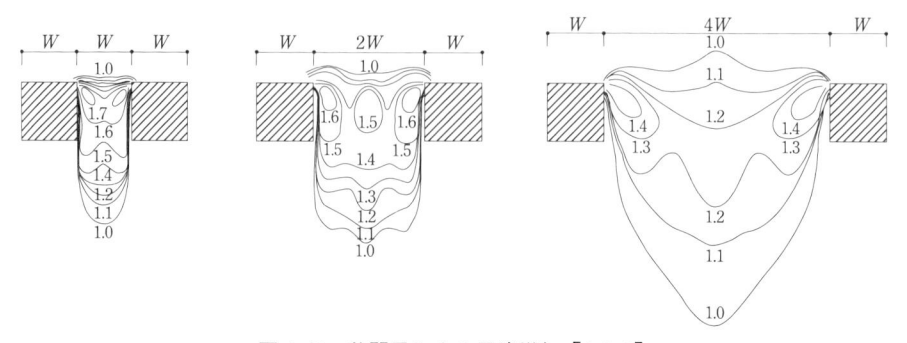

図 4.12　谷間風による風速増加［4.2.6］

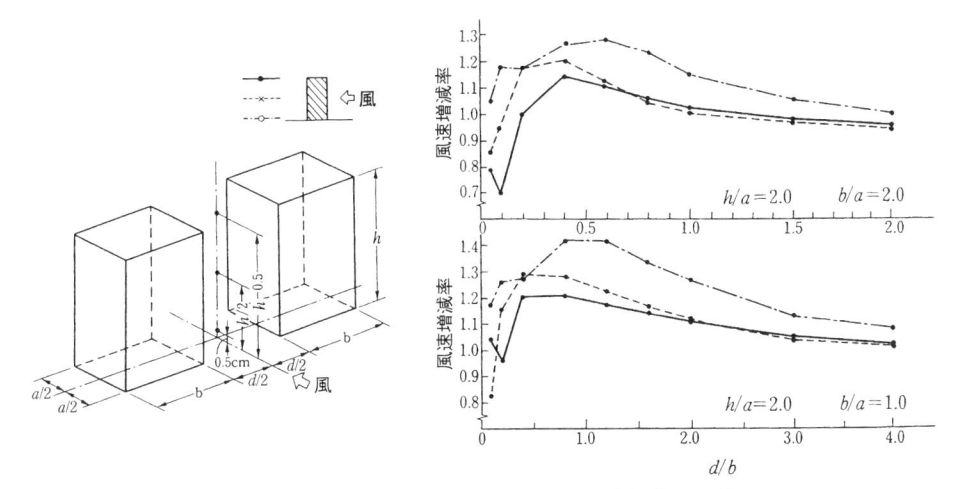

図 4.13 隣棟間中心点における風速増減率 [4.2.7]

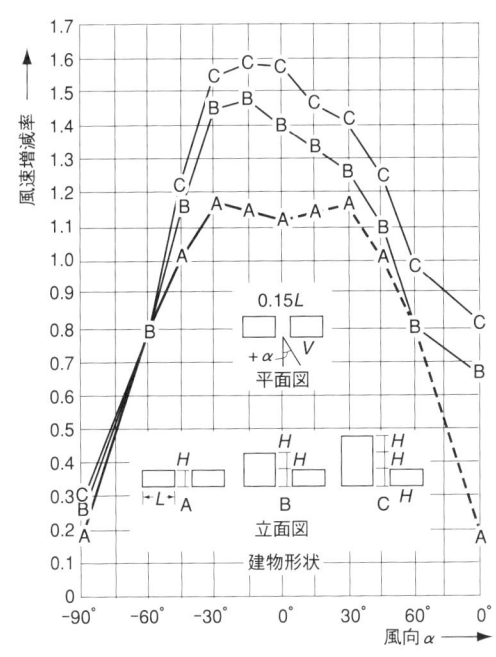

図 4.14 隣棟間の風速増減率と風向角の関係 [4.2.8]

図 4.13 はいくつかの建物の組み合わせと隣棟間隔の差により隣棟間中心点における風速増減率がどのように変化するかを示したものである。隣棟間隔は建物幅の 1/2〜1 倍程度で最も風速が高い傾向が示される。一方，2〜4 倍以上隣棟間が空くと相互作用が薄まる傾向にある。

図 4.14 は隣棟間に生じる風速増減率と風向角の関係を検討したものである。同図より，風向角 45° を超えた付近から風速増減率は 1.0 以下となる傾向が示されている。

(2) 逆 流

図 4.15 は逆流による風速増減率を示す。この現象は単独建物の場合にも発生することもあるが，一般的に地上付近の風速はあまり大きな風速とはならない。ただし，図 4.15 に示すような風上側に低層建物があ

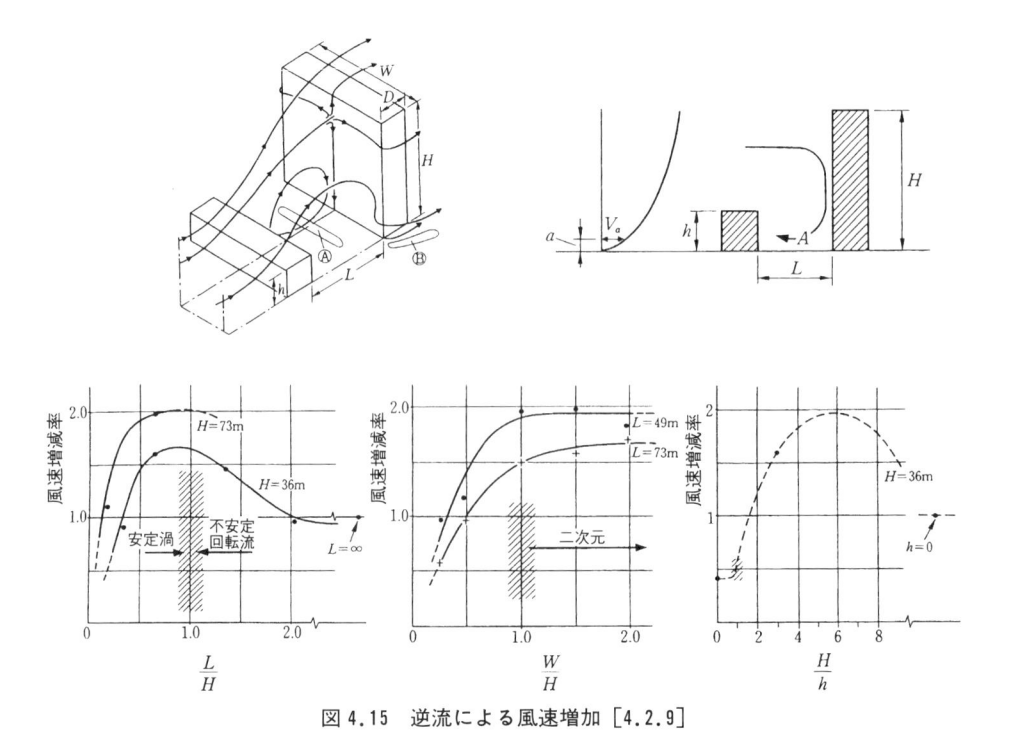

図 4.15 逆流による風速増加 [4.2.9]

る場合に強くなる。この部分での風速は両建物の高さ，幅および隣棟間隔に強く影響され，風速増減率が2にも達することがある。

4.2.3 街区内での風速増加

　以上は対象としている建物の周辺に他の建物がなにもない状況であるが，実際にはそのようなことはありえず，他の建物との複合現象として扱わなければならない。図4.16は，街区が形成された場合，対象建物の高さの変化により風速がどのように変化するかを示したものである[4.3.1]。風洞実験であるので模型上の建物高さは5 cm～30 cmであるが，ここではわかりやすくするため縮尺1/100と仮定して実寸高さ5 m～30 mとする。図中左側に示される数値は上空風の風速に対する地上付近の風速の割合で風速比と呼ばれ，たとえば，風速比が0.3ということは上空の風速が10 m/sのとき3 m/s，20 m/sのとき6 m/sとなることを意味する。図中右側の数値は建物建設前の風速で建物建設後の風速を割った，いわゆる風速増減率（図中風速増加率と記されている）である。ここでの風速増減率は，図4.16(a)を建設前の状況とし，同図(b)，(c)，(d)がそれぞれ高さ10，20，30 mの建物が建設された状況（建設後）として算定したものである。

　建設前の風速に場所による差があるため，前項で示してきた周辺に建物が何もない場合の風速増減率の分布とは大きく異なる。すなわち，同じ風速増減率が示される地点でも建設前の風速比が低いところと高いところでは実際に吹く風速が異なるということである。

　たとえば，図中に2つの点を例にして説明する。同時に内容をわかりやすくするため上空の風が10 m/sと仮定する。その場合，建設前A点では3 m/s，B点では2 m/sの風が吹いていることとなる。中央部に高さ30 mの建物が建設されると（図4.16(d)），A点では6 m/s，B点では4 m/sとなる。ともに風速は2倍であるので図中右側に示される風速増減率は2.0が示される。要するに，風速は2倍となっているが，実際に吹く風は1.5倍の差があるということである。これが，風速の増減率のみで高層建物建設による影響を判断することはできない理由であ

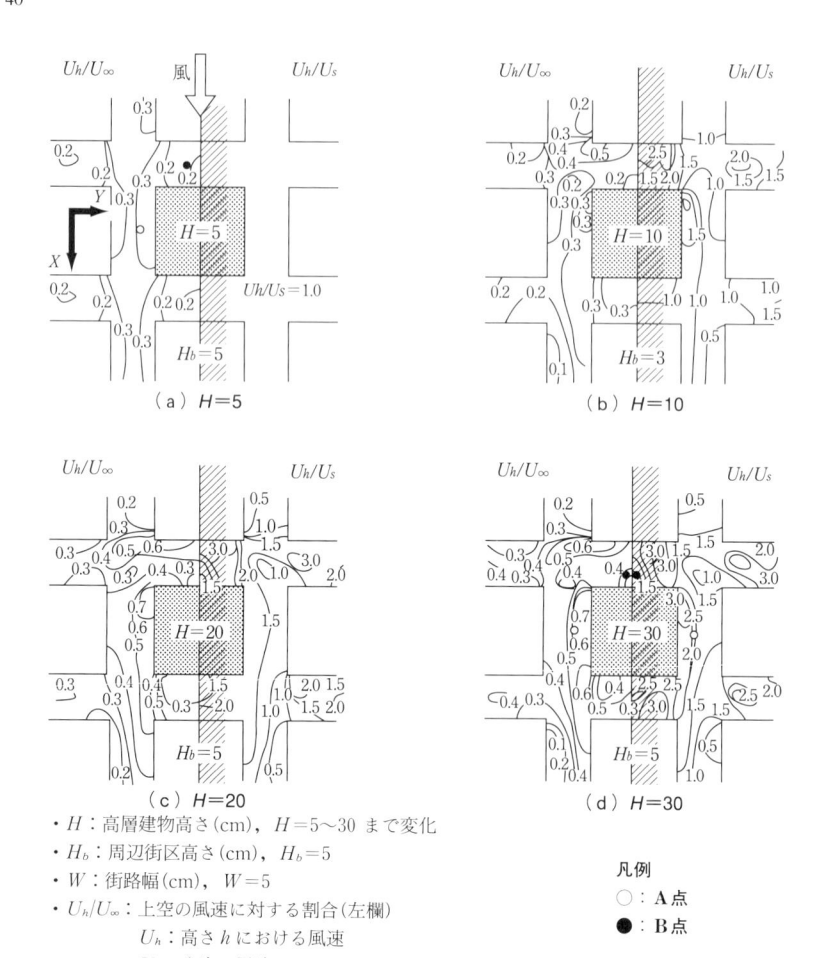

(a) $H=5$ (b) $H=10$ (c) $H=20$ (d) $H=30$

- H：高層建物高さ(cm)，$H=5 \sim 30$ まで変化
- H_b：周辺街区高さ(cm)，$H_b=5$
- W：街路幅(cm)，$W=5$
- U_h/U_∞：上空の風速に対する割合(左欄)
  U_h：高さ h における風速
  U_∞：上空の風速
- U_h/U_s：風速増加率(右欄)
  U_s：高層建物高さが周辺低層部と同じ場合に，U_h を測定したのと同じ位置で測定された

凡例
○：A点
●：B点

図 4.16　周辺街区に建物のある場合の風速比 [4.3.1]

る．要するに，風速比は風速の強弱を，風速増減率は建物建設による風速の増減を示すもので，逆に，風速比は高層建物建設による風速の増減を，風速増減率は風速の強弱を示さない．さて，図 4.16 を見ると，対象建物が周辺建物に比べ高くなるにつれ，徐々に単独建物の風速増減率の分布と定性的に似てくる．すなわち，4.2 項で数多く示してきた風

速増減率は周辺の建物と比べて対象建物がかなり高い場合の比較的開けた場所，あるいは周辺建物より高い位置（ここでは 5 m，模型上 5 cm 以上の高さ）での性質を表すものと考えるほうが実情に即している。

第5章　予測方法

　ビル風の予測方法には，大きく次の3つがある。
(a)　風洞実験による方法
(b)　流体数値解析による方法
(c)　既往の研究成果に基づく方法

　(a)と(b)は対象とする建物だけでなく周辺の街並みも含めた流れのシミュレーションを行うものであり，(c)は基本的な形状をした建築物の風洞実験結果を利用して行うものである。この中では，現在のところ，最も信頼のおける方法は風洞実験による予測である。流体数値解析については，流れをコンピュータを用いて数値的に解析するもので，最近の急速な進歩により，ある程度の予測が可能となっている。以下に3つの方法について述べるが，風洞実験および流体数値解析はかなり専門的な知識を必要とするもので，詳細は専門書［5.0.1など］を参考にされたい。なお，流体数値解析は数値流体解析，数値シミュレーションなどとも呼ばれるが，ここでは東京都の環境影響評価条例［5.0.2］に従った。

5．1　風洞実験による方法

　4．2項で多くの事例について風速増減率や風速増加領域について説明してきたが，それらの結果はすべて風洞実験によるものである。ただし，すべての単独の建物，あるいはモデル化された複数個の建物に関する結果で，影響範囲や影響度合の程度を概略把握するためには利用できるが，より実際の風の状況を検討するには地域模型を用いた風洞実験が必要である。地域模型とはある範囲内の実際の建物をすべて模型化した図5.1に示すようなものである。

図 5.1　風洞実験用地域模型

5.1.1　風洞実験装置

　風洞とは人工的に風をつくり出す装置のことで，目的に応じたいくつかのタイプがあるが，建築分野で多く採用されているのは境界層風洞である。一例を図5.2に示す。地域模型の風上側に同一断面の長い風路（境界層）をもつのが特徴である。この風路の床面にブロック（ラフネスブロックと呼ばれる）を敷き並べ，実験しようとしている地域に合う風をつくり出す（図5.3参照）。すなわち，都市域の実験では大きなラフネスブロックを密に敷き並べ，海岸線のような地域の実験ではラフネスブロックをほとんど置かないで実験を行うこととなる。

5.1.2　実験模型

　高層建物の建設により風速が増加すると判断されるのは建物高さの1～2倍の範囲である。その範囲内の風速を測定するためには，それを上回る範囲を模型化する必要があり，通常，対象建物を中心に対象建物の高さのおよそ2～4倍の範囲を模型化する。模型の縮尺は広く1/100～1/1000が用いられる場合があるが，多くは1/300～1/500である。対象としている高層建物の計画地は差替えを可能にしておき，計画建物

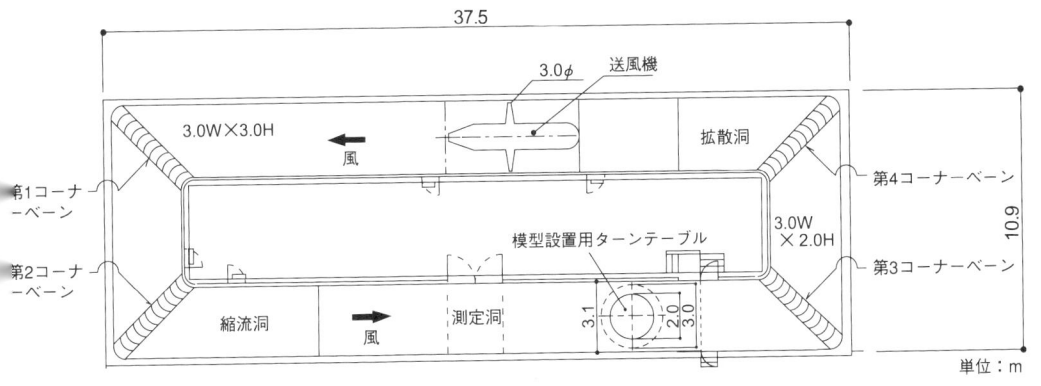

図 5.2 境界層風洞（風工学研究所所有）

測定部	
幅	3.1 m
高さ	2.0 m
長さ	16.0 m
最大風速	22.0 m/s

図 5.3 地域模型風下から風上側を望む

の建設前後および防風対策後の状況にすることができる。

5.1.3　実験気流

　風洞実験は自然風の特徴をもつ気流を用いて行う必要がある。自然風の大きな特徴である平均風速と乱れの強さ（自然風の乱れの状況を示すパラメータ）の鉛直分布（高さ方向に風速が高まるなどの傾向）を対象地域に合うように設定しないと，得られる実験結果の精度が確保されないこととなる。気流の作成は，風洞実験装置のところでも説明したが，一般的に風洞の境界層にラフネスブロックなどを敷き並べることにより行う（図5.3参照）。

5.1.4　実験結果

　風洞実験では何を求めるのかといえば風速比である。風速比は通常以下のように示される。

$$R_i = \frac{U_i}{U_r} \tag{5.1.1}$$

　　R_i：測定点 i での風速比
　　U_i：測定点 i での風速（m/s）
　　U_r：基準点での風速（m/s）

この風速比は基準点での風速がある程度以上になると，基準点の風速によらず一定になる性質がある。たとえば，風速比0.3が得られたところでは，基準点の風速が10 m/s のときその点での風速は3 m/s，基準点の風速が20 m/s のときその点での風速は6 m/s となる性質があるということである。このような性質は実際にも成り立つもので，たとえば，図5.4は新宿新都心での観測例を示すものである。図中3本の線は中央が平均値で上下は平均的なばらつきの範囲（平均値±標準偏差）を示すものである。基準点の風速が3～5 m/s 以上になると，ばらつきはあるもののほぼ一定の風速比が示されることがわかる。

　ここでの基準点は観測点近傍のKビル（測定高さ187 m）やSビル（測定高さ237 m）であるが，風環境調査の場合には，過去の風の統計

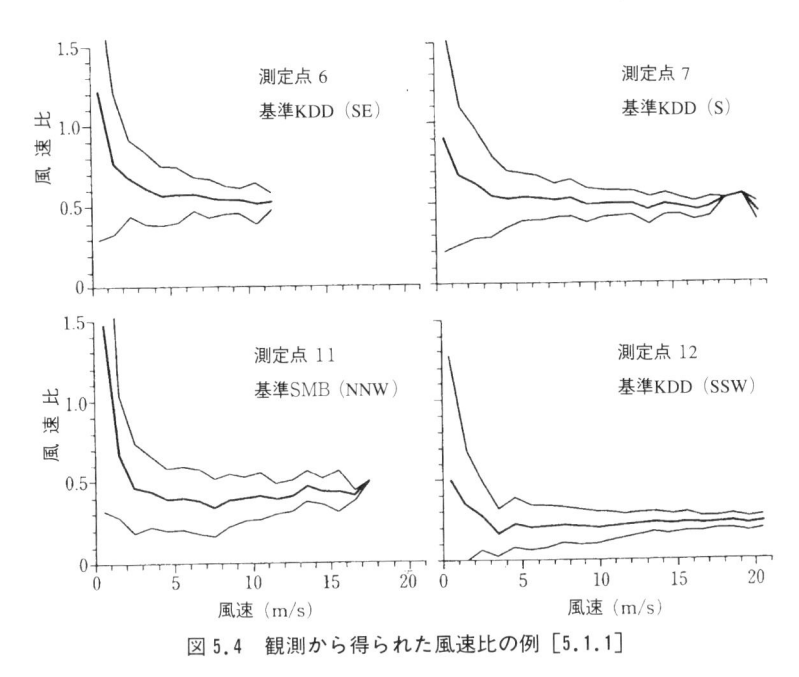

図 5.4　観測から得られた風速比の例 [5.1.1]

資料を必要とするので，気象官署や都道府県で管理している測定局等での観測記録が多く用いられる。

　この風速比は大変便利なもので，風洞実験結果と実際を結びつける重要なパラメータである。基準点での風速に係わらず風速比が一定と仮定できるので，基準点での風速と任意の地点での風速は風洞実験から得た風速比を用いて，完全に一対一に対応させることができることとなる。基準点は近くにあるにこしたことはないが，一般的にはそのようなことはなく，また，長期間に渡る信頼できる記録が必要であるので，多くは気象台が用いられる。要するに，基準点を気象台のように過去の風の長期間の記録があるような地点にすれば，風速比を用いて風洞実験で設定した測定点での実際の風速に置き換えることができる。たとえば，去年の台風のとき気象台では 30 m/s の風が吹いたが，この付近の測定点の風速比は 0.7 だからそこでは 21 m/s の風が吹いていたこととなり，さらに，高層建物建設後の風速比は 0.8 であるので，高層建物が建設されていたならば 24 m/s の風が吹いたこととなる，ということである。さ

て，実験で基準点の風速をどのように測定するかであるが，地域模型の中に気象台が含まれていれば，直接測定することも可能であるが，そのようなケースはまれである。そこで，一般的には気象台の風と対象としている地域の風が同じであると仮定している。もう少し具体的にいえば，気象台で観測している高さの風と対象としている地域の同じ高さの風は同じ性質をもつと仮定するということである。気象台が都心域で対象としている地域が海岸近くのように周辺の状況があまりにも異なるのであれば，2章で示した地表面の粗度区分を考慮した補正を行うことも可能である。このようなことから，基準点の風は一般的に周辺の障害物に直接的に邪魔されていない地点を選ぶ必要がある。

以上，くどいようであるが，風洞実験と実際を結びつけるパラメータは風速比である。また，風速比はどのような風速のときにも成り立つので，風速比を得たということは日常吹く強風も，巨大台風が来襲したときのような強風のいずれの状況にも対応するものであることを認識しておく必要がある。

5.1.5　風洞実験の精度

風洞実験では風速比を予測するということを前項で述べた。この誤差，すなわちビル風における風洞実験の誤差は風速比の予測精度ということとなる。図5.5に示したのは風速比の観測値と実験値を比較したものである。例として，2つの測定点について示しているが，同図内には3つの異なる機関で行われた実験結果をプロットしている。いずれの実験結果も観測されたデータのばらつきの範囲内に収まっていることがわかる。観測結果は，かなり低い高さのデータを扱うので，実験で使用する模型は再現できる限度があり，実際の現地とは様々な差（たとえば，樹木の繁り具合が変わる，近くに車などの障害物が置かれるなど）があり，また，風向は16方位で表され，ある範囲（角度では22.5°）をもっており，これらを同じ風向の結果として処理することによるばらつきが含まれる。ちなみに，風洞実験では幅のある1方位の中央の角度をその風向の代表としているので，1風向に対し1つの風速比が対応するこ

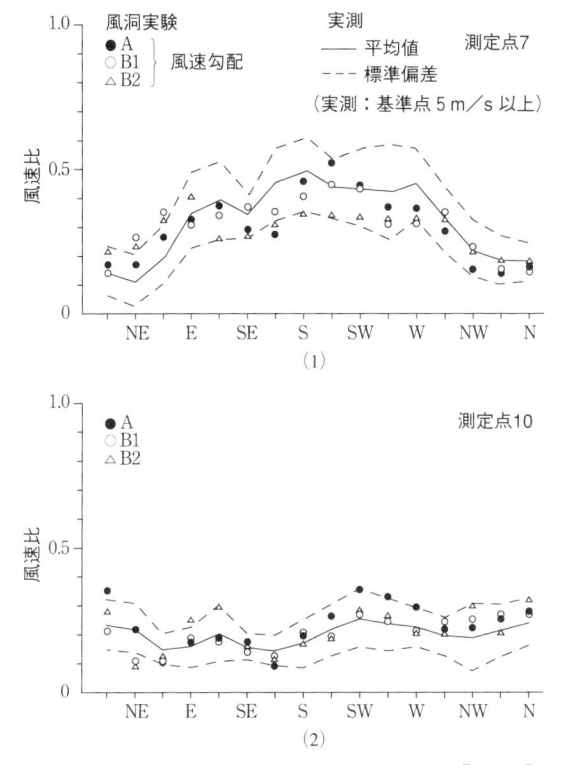

図 5.5　風速比の実験結果と観測結果の比較 [5.1.1]

ととなる。

5.2　流体数値解析による方法

　流体数値解析の目的は風洞実験と同様に風速比を求めることである。風速比を求めた後の風環境の評価の方法などはすべて風洞実験と同様である。いうなれば，前項で述べた風洞実験のところを流体数値解析に置き換えて見ていただければよい。ただし，現在のところ流体数値解析は完全に確立された手法はないことなどから，ここでは，流体数値解析の手法の原理，風洞実験との差，今後の展望について述べることとする。

5.2.1 解析方法

　流体数値解析を用いるビル風の予測では，風洞実験模型と同じようにコンピュータ上で都市を再現した模型を CAD などで作成する。図 5.6 は入力したモデルの一例で，視覚的には風洞実験の模型とほぼ同等である。また，流体数値解析では，入力する風の分布を数値的に与えることができるために，風洞実験ほど長い風路は必要なく，図 5.6 に表示している範囲が計算に必要な全領域である。この模型の精度（再現の具合）は，風洞実験と同様に，結果の精度に大きく影響する。周辺の模型の作成に当っては，GIS（Geographic Information System）などのデジタル地図情報だけでなく，現地を調査し模型を作成する。そして，作成した模型上に風を流し，風況の予測を行う。

　風況の予測は，風洞実験のように実際の風を模型上に流すことはできないので模型上空の空間を細かく分割（格子）して流れを記述する方程式を数値的に解くことにより行う。しかしながら，コンピュータの計算性能が高速化した現在においても，ビル風のように複雑な流れに対し，

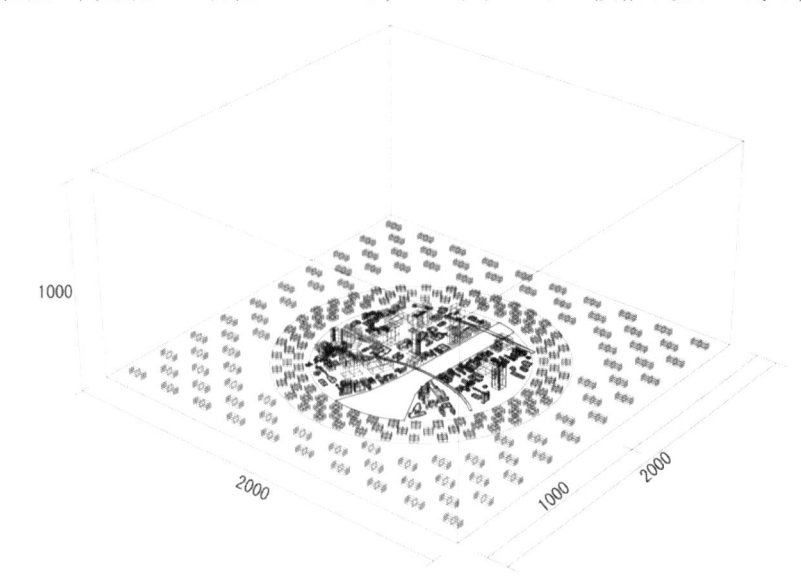

図 5.6　流体数値解析の計算領域

流れを記述する方程式を直接用いて解くことは容易ではない。解くためには，解くべき空間（格子サイズ）を非常に細かく分解する必要があるからである。

そこで，流れを記述する方程式をモデル化して，分割する格子サイズを大きくしても解を得ることができるようにしているのが現状である。ビル風問題のように乱れた流れ場を解析する方法は以下の2種類に大別される。

(a) 格子平均　LES (large eddy simulation)
(b) 集合平均　RANS (Reynolds averaged numerical simulation)

LES は，空間的な平均化操作により流れ場を計算格子サイズより大きい変動は直接計算し，計算格子サイズより小さいスケールの流れはモデル化する方法である。そのため，格子のサイズがそのまま解の精度に関係し，格子が粗い場合には，極端に精度が落ちる。また，格子が小さくなるにつれ精度が上がり，最終的には直接方程式を解くことと同じとなる。この方法を用い都市に吹く風の問題を解く研究が最近盛んに行われている。RANS は，流れを記述する方程式を時間平均もしくは集合平均したもので，計算の簡易さなどから工学の分野で広く使われる。計算精度の面では LES のほうが高いが，計算負荷も高いためビル風を対象としたほとんどの実務では RANS を用いている。

5.2.2　解析結果および風洞実験との差

風洞実験や観測で用いられる計測器は風向に関係なく風の強さを測定するようになっている。この風速をスカラー風速と呼ぶ。この風速の平均化したものが平均風速と呼ばれる。一方，RANS を用いた流体数値解析で与えられる風速は，ベクトル成分の風速が平均化されたものである。簡単にスカラー風速とベクトルの風速の違いを説明する。たとえば，ある場所で風速 10 m/s の風が吹き続け，風向のみが変化して，北風が5割で南風が5割である場合を考える。風洞実験や観測の場合のスカラー風速は風向に関係しないので，平均風速は 10 m/s となる。一方，ベクトルの風速は，北風が $+10$ m/s，南風 -10 m/s となり，平均

風速は 0 m/s となってしまう。これは極端な例であるが，このように，風向の変化の激しい場所では，風洞実験と流体数値解析では値が大きく異なることとなる。

　風洞実験では，流れの中に風速を測定するセンサーを複数点設置し，そのポイントの結果を得ることになる。そのため，計測を行っていない地点の結果が必要になった場合，再び実験をする必要がある。実験が終わった直後ではそれも可能であるが，ある程度時間が過ぎると，風洞へ模型のセットから行わなければならず，簡単ではない。一方，流体数値解析では，空間全体を解き，すべての場所で解を得ているので，再び計算する必要はない。

5.2.3　展　望

　図5.7は，風の向きおよび強さ（ベクトル）を示したものである。矢印は，風の向き，長さは風速の大きさを示している。このように，風洞実験に比較すると，視覚的には，流れの様相を判りやすくすることが可能で，結果の見やすさ，美しさは，風洞実験を十分凌いでいる。コンピュータの性能は日進月歩高速化しており，計算精度も向上している。しかしながら，当分の間は，風洞実験に替わることはないと思われる。しかし，近い将来には，LES を用い解くことが一般化すると考えられ，

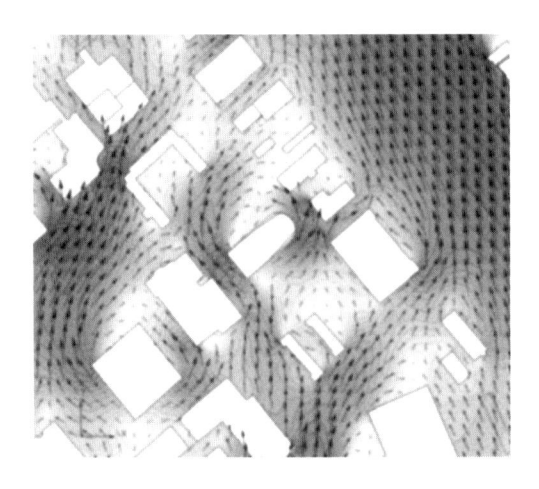

図 5.7　風況の一例

かなり風洞実験に近い結果が得られると考えられる。流体数値解析の視覚的な利点なども考えると，利用頻度は急速に高くなると予想される。

5．3　既往の研究成果に基づく方法

　先に説明してきた風洞実験や流体数値解析では，対象となる建物を含め広い範囲の建物を模型化して行うが，ここでの方法は，過去に行われた対象建物に似た形状の事例を用いて類推するものである。このようなことから，この種の方法は机上検討とも呼ばれる。

　この方法の場合に参考とするのは，4章で示した事例や資料編5に示すような単体建物や単純化した複数建物の風速増減率を用いることとなるので，複雑な街並みでの予測は困難である。たとえば，1，2階の戸建て住宅が均一に立ち並ぶ地域の戸建て住宅の少し上層部の風速の増減を予測するような場合には比較的実情に即していると考えられる。また，1つの考え方としては，近くにある比較的開けた場所（風通しがよいところ）の風速に対する割り増しの程度を示す目安と考えることもできる。ただし，いずれの場合も風速増加率は示されても，どの程度の増加の割合までが許容されるかの指標がないため，感覚的な表現にならざるをえない。

　この方法から風速比を求めることができれば，気象台の風速と関連付けられ，風洞実験などと同様に6章で示す確率的な評価も可能である。

　風速増減率は建物建設前後の風速の割合である。

　　　（風速増減率）＝（建物建設後の風速）÷（建物建設前の風速）

基本形状建物の建設前は何もない状況なので，風洞実験で用いる気流と一致していることとなるので，既知のものである。たとえば，対象としている地域がべき指数 0.2 に対応するようなところであれば，基準点を高さ 75 m の気象台としたとき，地上高さ 10 m の風速比 R は次式に示すようになる。

$$R = \left(\frac{10}{75}\right)^{0.2} = 0.67$$

要するに，周辺に建物がないとした場合，気象台（高さ75 m）の風速を1としたときの地上10 m での風速が0.67（気象台の67％）の割合となることを意味する。すなわち，風速増減率1.2の地点の風速比は0.80（0.67×1.2）と求めることができる。もちろん，風速増減率1.0のところの風速比は0.67（0.67×1.0）である。

　このように風速比が定まれば風洞実験や流体数値解析と同様な評価ができることとなる。ただし，既往の研究例から実際に当てはめた風速増減率の精度に限界があるので，数字の遊びになる可能性もあり，詳細な検討には不向きである。

第6章　風害の評価

　この章ではビル風による影響の評価指標について示す。風の変化は高層建物が建設されたために風速がどの程度増加したかという表現が理解しやすいが，果たして，どの程度の増加が許容されるかが判断しにくいことや，風速の増減のみでは風速の強弱を示せないので，ここで紹介する風速の確率的な表現による評価が必要となる。かなり複雑な式が多く出てくるが，実際に解析するようなことがなければ，詳細は飛ばし読みしていただいてもよい。ただし，風環境の評価指標では強い風がどの程度の割合で吹くのかで風環境のレベルを区分けしているので，その区分けと強い風の発生する割合の程度を理解されたい。

6．1　風の確率的な表現

　建物建設による風速の増減は建物形状や建物の高さに依存するが，3章で示したように基本的には風向に対して高層建物の両サイドで風速増加，風下側で風速減少が発生する。この性質は，風向が変化しても同じである。ただし，同一地点で風の変化を見ると風速が増加する風向や風速が減少する風向など，風向に依存することとなる。このとき，同じ風速増加でもよく吹く風向とめったに吹かない風向とでは，実害の程度が異なることとなる。話し言葉でいえば，「めったに吹かない風向だからあまり気にならないけど，よく吹く風向だと困るよ」のようである。ここで，考えられるのが風速の確率的な表現である。要するに，今まで強い風が週1回程度であったのが高層ビルの建設により週2，3回に増えることとなる，のような表現である。そのためには風の確率的な表現を理解する必要がある。

　まず，風向の確率的な表現について述べる。図6.1は東京管区気象台

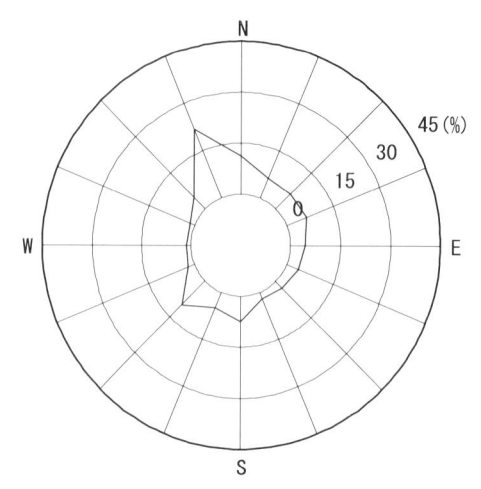

図 6.1 東京管区気象台における風向出現頻度

における 1995 年から 2004 年の過去 10 年間の風向出現頻度を示すものである。同図より，東京地方では北北西の風が約 23 ％と圧倒的に多く，次いで北，南西の風が多いことがわかる。23 ％の意味するところは，風向（10 分間の平均）は 1 年に 52,560 個（365×24×6）記録されるのでそのうちの 12,089 回は北北西の風が吹くということである。1 日の中でも風向が変わることがあるので，簡略化した表現でいえば 5 日に 1 日程度は北北西の風が吹いているということである。

同様に東京管区気象台の過去 10 年間の記録から風速の出現頻度を求めると図 6.2(a) に示すようになる。この図の縦軸の出現頻度とは，1 m/s 間隔内の風速の頻度を示すもので，たとえば，横軸 2.0〜2.9 の縦軸が約 27 ％を示しているが，これは風速 2〜3 m/s の風が全体の約 27 ％を占めることを意味する。(b) の図は風速の累積頻度を示すもので (a) の風速の出現頻度を低風速から順次積算したものである。したがって，縦軸の風速の累積頻度はある風速以下の風が全体の何％あるのかを示すものである。たとえば，横軸の風速 5 m/s の縦軸の値は約 85 ％と読めるので，5 m/s 以下の風が全体の約 85 ％あることを意味する。残りの 15 ％は 5 m/s を超える風であるので，超過頻度 15 ％の風速は 5 m/s であると表現することもできる。

(a) 風速の出現頻度

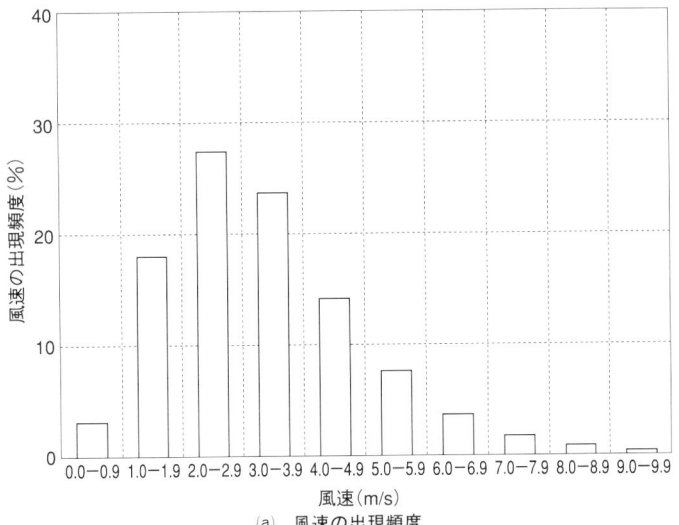

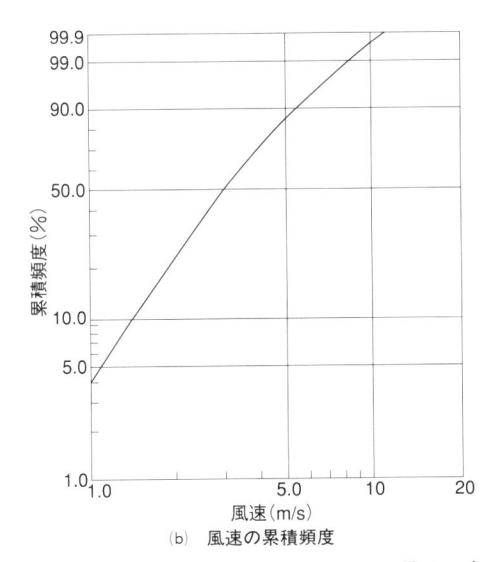

(b) 風速の累積頻度

図 6.2　東京管区気象台における風速の累積頻度

　このように長期間の風の記録の解析結果を見ると弱風から強風までいろいろな風速の風で構成されていることがわかる。
　少し専門的になるが，これを確率的な表現を用いるとワイブル分布と

呼ばれる確率密度関数で表されるとされている。式で書くと次に示すようになる。

$$F_i(\leq U) = 1 - \exp[-(U/C_i)^{K_i}] \qquad (6.1.1)$$
$$P_i(>U) = \exp[-(U/C_i)^{K_i}] \qquad (6.1.2)$$

$F_i(\leq U)$：風向 i における風速 U の累積頻度（風速 U 以下になる確率）

$P_i(>U)$：風向 i における風速 U の超過頻度（風速 U を超える確率）

C_i, K_i：風向 i におけるワイブル係数

ワイブル係数は地方によって異なる値で、資料編4に全国の値を示している。

(6.1.1) 式に従う場合、図6.2(b)の風速の累積頻度を表す線はほぼ直線となる。ただし、図6.2(b)は特殊なグラフで、縦軸は2重対数軸、横軸は対数軸となっている。

風速の超過頻度を示す確率分布関数に次のグンベル分布がある。

$$P_i(>U) = 1 - \exp[-\exp\{-a_i(U-b_i)\}] \qquad (6.1.3)$$

a_i, b_i：風向 i におけるグンベル係数

この関数は主に日最大風速や年最大風速に適用される。

6.2 日常的な風環境の評価

6.2.1 評価指標

風速変化のわかりやすい表現は、風速増減率、すなわち高層建物が建設されたことにより風速が何割増したというものである。しかしながら、いったい何割の風速増加までが許されるのか、また、建設前に風速が弱かったところと強かったところでは同じ風速増減率でも影響度合が異なることとなる。このようなことから、一般的には確率的な評価が用いられる。確率的な評価とは風速の発生頻度を用いて、それが対象建物の建設前後においてどのように変化するのか、さらにその変化が許容範

囲なのかを検討するものである。風速と周辺地物の状況との関連を示したものとしてビューフォート風力階級（気象庁風力階級）があるが、それに人体への影響を加えて、表6.1に示すように整理されている。これらは、地上10mの平均風速と地上付近の風現象を関係付けたものである。なお、ビューフォート風力階級は突風率の小さな（平均風速と最大瞬間風速との差が小さい）風を対象としたものであることが推測され、都市域のように突風率の大きな地域では影響が過小に示されていると考えられる。

これに対し、3章での表3.2は、瞬間風速と体感との関係を示しているものであり、都市域などを対象とした場合には参考となる。

以上はあくまでも風速と体感等との関係を示すもので、風速の許容値を与えたものではないことに注意を要する。また、ここに示される体感も風速の乱れの特性によって異なるし、性別、年齢、服装、作業内容など個人差があるもので、1つの目安として見る必要がある。さらに、風を体感する場合、気象条件、特に気温に影響され、蒸し暑いなど弱風に

表6.1 ビューフォート風力階級 [6.2.1]

ビューフォート階級	表現	風速 m/s	影響
0	静穏（なぎ）	0〜0.2	
1	至軽風	0.3〜1.5	全く目立たない風。
2	軽風（そよ風）	1.6〜3.3	顔に風を感じる。木葉・衣服がさらさら音をたてる。
3	軟風	3.4〜5.4	髪が乱れ、衣服がばたつく。新聞を読みにくい。
4	和風	5.5〜7.9	小枝を一定の運動でゆすり、風が軽い旗を広げさせる。ごみが巻き上がる。紙が散らばる。髪がくずれる。小枝が動く。
5	疾風	8.0〜10.7	体に風の力を感じる。強風域に入るとつまづく危険がある。
6	雄風	10.8〜13.8	木葉をつけた小さな木が揺れ始める。傘をさしにくい。髪がまっすぐに吹き流される。まともに歩くのが困難。
7	強風	13.9〜17.1	横風の力が前進する力に等しくなる。風の音が耳にさわり、不快を感じる。歩くのに不便を感じる。
8	疾強風	17.2〜20.7	一般に前進を妨げる。突風でバランスをとるのが困難。
9	大強風	20.8〜24.4	人が吹き倒される。

よる障害も含めて考えられるべきである。これらの条件を考慮した評価方法も提案されてはいるが［6.2.2，6.2.3］，現時点では実場面で適用される段階ではなく，今後予測精度等も含めた検討が必要である。

確率的な評価方法には海外も含めいくつか示されているが，ここでは，わが国で取られている2つの方法を示すこととする。他の評価指標は資料編2に示す。

(1) 風工学研究所による方法

この方法は地上5mでの平均風速を対象としたもので，その風速の累積頻度55％と95％の風速によって風の状況を4つの領域に分けているものである。

ちなみに，累積頻度95％の風速が4.3m/sということは，4.3m/s以下の風が全体の95％で，残りの5％は4.3m/sを超える風であることを意味する。この評価指標は，都内のおよそ100地点での風観測記録およびアンケート調査により，風環境として好ましくない領域Dを定め，次に観測記録よりそれぞれ観測地点の周辺状況と累積頻度55％と95％の風速値を関連付けたものである。よって，領域Dは風環境として好ましくない地域，領域A〜Cはそれぞれに対応する都内の街並みと同様な風環境であると解釈するものである。ちなみに，累積頻度55％の風速は年間の平均風速，累積頻度95％の風速は日最大平均風速の年間の平均値にほぼ相当する。図6.3には領域A，B，Cの街並みの例を

表6.2 風工学研究所による風環境評価指標 ［6.2.4，6.2.5］

領域区分		累積頻度55％の風速	累積頻度95％の風速
領域A	住宅地相当	≦1.2 m/s	≦2.9 m/s
領域B	低中層市街地相当	≦1.8 m/s	≦4.3 m/s
領域C	中高層市街地相当	≦2.3 m/s	≦5.6 m/s
領域D	強風地域相当	＞2.3 m/s	＞5.6 m/s

(注) 領域A：住宅地で見られる風環境
　　　領域B：領域Aと領域Cの中間的な街区で見られる風環境
　　　領域C：オフィス街で見られる風環境
　　　領域D：好ましくない風環境

示す。

　この評価方法では平均風速を用いているが，ガストファクターを一定として考えれば最大瞬間風速として表現することもできる．表6.3はガストファクターを2.5として表6.2を最大瞬間風速として示したものである．

上：領域A
右上：領域B
右：領域C

図6.3　領域 A, B, C の街並みの例

表6.3　風工学研究所による風環境評価指標を最大瞬間風速として表現した場合

領域区分		累積頻度55%の風速	累積頻度95%の風速
領域A	住宅地相当	≦3.0 m/s	≦7.25 m/s
領域B	低中層市街地相当	≦4.5 m/s	≦10.75 m/s
領域C	中高層市街地相当	≦5.75 m/s	≦14.0 m/s
領域D	強風地域相当	>5.75 m/s	>14.0 m/s

(2) 村上氏らによる方法

この評価方法は，表6.4に示すようなもので，地上1.5mにおける日最大瞬間風速の超過頻度を用いるものである。この評価指標は，東京都中央区の月島1丁目や港区三田等における風観測結果と住民の意識調査結果をもとに作成したものである。この風環境の評価指標は使用する場所の目的に応じ日最大瞬間風速をパラメータとして風環境を評価しようとするものである。日最大瞬間風速は1日の中の瞬間風速の最大値を意味するので，ほんの瞬間の風だけで評価することとなるが，居住者のアンケート調査によると風による感覚と日最大瞬間風速とに高い相関があり，また，日サイクルで判断できるというわかりやすさなどから日最

表6.4 村上氏らによる風環境評価指標 [6.2.6]

強風による影響の程度		対応する空間用途の例		評価する強風のレベルと許容される超過頻度		
				日最大瞬間風速 (m/s)		
				10	15	20
				日最大平均風速 (m/s)		
				10/G.F	15/G.F	20/G.F
ランク1	最も影響を受けやすい用途の場所	(住宅地の商店街)	(野外レストラン)	10%(37日)	0.9%(3日)	0.08%(0.3日)
2	影響を受けやすい用途の場所	(住宅街)	(公園)	22(80)	3.6(13)	0.6(2)
3	比較的影響を受けにくい用途の場所	(事務所街)		35(128)	7(26)	1.5(5)

(注1) 日最大瞬間風速：
　　　評価時間2〜3秒
　　　日最大平均風速：
　　　10分平均風速
　　　｝ここで示す風速値は地上1.5mで定義

(注2) 日最大瞬間風速
　　10 m/s…ごみが舞い上がる。干し物が飛ぶ。
　　15 m/s…立看板，自転車等が倒れる。歩行困難。
　　20 m/s…風に吹き飛ばされそうになる。
　　等の現象が確実に発生する。

(注3) G.F：ガストファクター(地上1.5m，評価時間2〜3秒)
　　密集した市街地(乱れは強いが，平均風速はそれほど高くない)
　　　　　　　　　　　　　　2.5〜3.0
　　通常の市街地　　　　　　2.0〜2.5
　　特に風速の大きい場所(高層ビル近傍の増速域など)　1.5〜2.0

(注4) 本表の読み方
　　例：ランク1の用途では，日最大瞬間風速が10 m/sを超過する頻度が10%(年間約37日)以下であれば許容される。

大瞬間風速を評価のパラメータとしている。風工学研究所の提案する方法では平均風速を用いていることによる差はあるが，評価の指標に風速の発生する割合を用いていることおよび表6.4のランク3を超える部分を風環境として好ましくない領域と考えれば，風環境のレベルを4つに分けているという点では同様である。

(3) 風工学研究所と村上氏らの提案による風環境評価指標の比較

風工学研究所と村上氏らの提案する評価指標は，実場面で同程度に用いられている。評価の指標が複数あるのはわずらわしいという意見もあり，一本化したほうがよいという考えもある。一方では，いずれも生活環境と結びつけて理解するのが難しいのが現状であることから，判断材料は多いほうがよいという考えもある。いずれにせよ，現在のところ風環境を最も適切に表現できるのは確率的な評価であるので，これらを理解するための努力をすることも重要である。

ここでは，以上のような観点から，両評価指標を比較する。結論からすると，両評価指標はほぼ同程度の評価結果となる。異なる点は，風工学研究所のものは常時観測される10分間平均風速，村上氏らのものは日最大瞬間風速に基づくことにある。

両評価指標を，実際に観測された風のデータから比較してみる。図6.4は風工学研究所の累積頻度別の風速による評価結果と村上氏らの日最大瞬間風速10 m/s以上の超過頻度による評価結果を比較したものである［6.2.7］。図中の1つのプロットは，1年間の観測記録から得られる累積頻度55％，あるいは95％の風速と日最大瞬間風速10 m/s以上の超過頻度を示しているものである。観測高さの多くは5 mで村上氏らの評価高さとは異なるが，高さ1.5 mと5 mにおける最大瞬間風速に大きな差がないとすれば，両評価はおおむね以下に対応している。

　　　領域A—ランク1　　　領域B—ランク2　　　領域C—ランク3
　　　領域D—ランク4　（ランク3を上回るものをランク4とした）

さて，ここで両評価指標で用いている頻度を考えてみる。風速10 m/sの風の超過頻度10％を例にとれば風工学研究所の提案による風速は

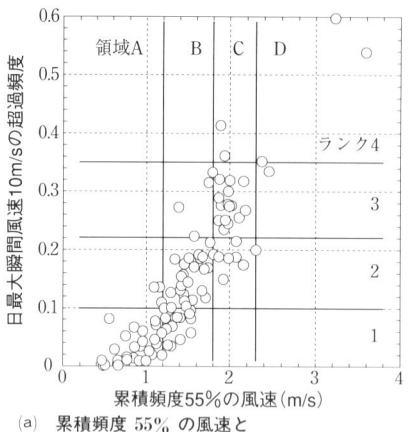

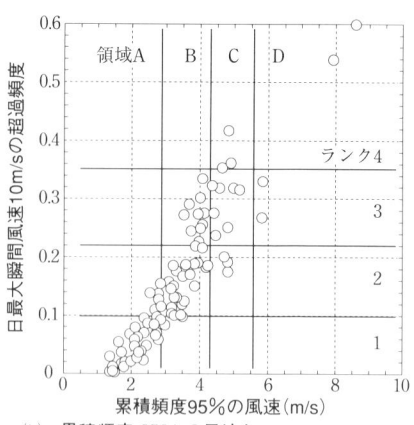

図 6.4 風工学研究所と村上氏らの提案する評価指標の比較 [6.2.7]

(a) 累積頻度 55% の風速と日最大瞬間風速 10 m/s の超過頻度の関係

(b) 累積頻度 95% の風速と日最大瞬間風速 10 m/s の超過頻度の関係

すべての平均風速に基づいているので，年間で考えれば，52,560 個（365×24×6）ある全 10 分間平均風速の 10%，すなわち，5,256 個が 10 m/s を超える風であることを意味する．別のいい方をすれば，その地点に 10 分間いることを 10 回とすると，平均的に 1 回 10 m/s 以上の風を経験することとなるということである．村上氏らが提案する評価指標は日最大瞬間風速が用いられているので，1 日の中で瞬間的に最大となる風速の 10% が 10 m/s を超える風となるということである．また別のいい方をすれば，その地点に 1 日中いることを 10 回とすると，平均的に 1 回瞬間風速 10 m/s 以上の風を経験するということである．両者を関連付けることは難しそうである．そこで，最大瞬間風速 5 m/s と 10 m/s について，両者の評価指標における各領域あるいはランク別の発生頻度を多くの観測から検討した結果を紹介する．表 6.5 は，都内 200 地点に及ぶ観測結果から得たもので，たとえば，最大瞬間風速 5 m/s 以上の発生する頻度は領域 A あるいはランク 1 の地域であれば 10% 程度あることを意味する．

表 6.5 最大瞬間風速の発生頻度の目安 [6.2.8]

(a) 最大瞬間風速 5 m/s 以上

領域あるいはランク	領域A，ランク1	領域B，ランク2	領域C，ランク3	領域D，ランク4
範囲	～15%	15～25%	25～35%	35%～
発生頻度の目安	10%	20%	30%	40%

(b) 最大瞬間風速 10 m/s 以上

領域あるいはランク	領域A，ランク1	領域B，ランク2	領域C，ランク3	領域D，ランク4
範囲	～0.5%	0.5～2.5%	2.5～5%	5%～
発生頻度の目安	0.3%	1.5%	3.5%	6.5%

6.2.2 評価方法

先に示した風工学研究所および村上氏らの提案による風環境の評価を行うためのフローを図6.5に示す。まず，どのような建物を建てるかは別にして建設地が決まれば，地理的位置，地表面粗度区分（2.3項参照）および地形によってそこでの風の特性は決まる。その場合，建設地に近い記録を用いるのがよく，一般的には気象台が参照される。次に建物形状（防風対策も含む）に対する風向風速の変化を検討するが，その手法には風洞実験，流体数値解析，あるいは既往の文献による方法がある。最も精度が高いのは風洞実験とされており，既往の文献を用いた方法はここで対象としているような評価に対してはほとんど採用されない。風洞実験などから風速比を求め，合わせて気象台などから得られた

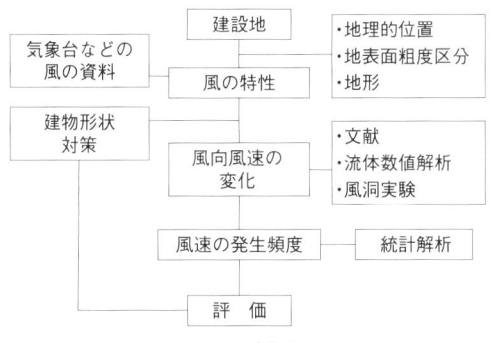

図 6.5 風環境評価フロー

資料から統計解析を行い風速の発生頻度を算定する。その結果を評価指標に当てはめ目標を達成するまで防風対策を講じ確認する作業を続ける。以下に，風工学研究所および村上氏らによる評価に分けて詳細を述べる。

(1) 風工学研究所による方法

ここでは，確率的な評価を行うので，風洞実験，流体数値解析，机上検討いずれの方法で風速の状況を予測したとしても，以下の風速比を用いることとなる。

$$R_j = \frac{U_j}{U_r} \tag{6.2.1}$$

R_j：測定点 j での風速比
U_j：測定点 j での風速 (m/s)
U_r：基準点での風速 (m/s)

この風速比は基準点での風速に係わらず風速比が一定と仮定できるので，基準点での風の統計的な情報を用いて，各測定点での風速の累積頻度 $F_j(\leq U)$ を求めることができる。式で表せば，以下のようになる。

$$F_j(\leq U) = \sum_{i=1}^{16} D_i \left[1 - \exp\left\{ -\left(\frac{U}{R_{ji}C_i}\right)^{K_i} \right\} \right] \tag{6.2.2}$$

D_i：風向 i の基準点における風速出現頻度
$C_i,\ K_i$：風向 i の基準点におけるワイブル係数
R_{ji}：測定点 j における風向 i のときの風速比

風速の超過頻度 $P(>U)$（ある風速 U を超える頻度）は累積頻度を用いて次式で示される。

$$P(>U) = 1 - F(\leq U) \tag{6.2.3}$$

(2) 村上氏らによる方法

村上氏らによる方法も風速比と基準点での風の特性を用いて予測する点では風工学研究所による方法と同様であるが，日最大瞬間風速を予測するところに違いがある。(6.2.2) 式を日最大瞬間風速の発生頻度を算

定する式として書き直せば次に示すようになる．

$$F_j(\leq U_{\max}) = \sum_{i=1}^{16} D_i \left[1 - \exp\left\{ -\left(\frac{U_{\max}}{G_f R_{ji} C_i}\right)^{K_i} \right\} \right] \quad (6.2.4)$$

$F_j(\leq U_{\max})$：測定点 j の日最大瞬間風速 $U_{\max}$ の累積頻度

D_i：風向 i の基準点における日最大平均風速の出現頻度

C_i, K_i：風向 i の基準点における日最大平均風速のワイブル係数

R_{ji}：測定点 j における風向 i のときの風速比

G_f：突風率（ガストファクター）

以上は風速の確率分布をワイブル分布としたが，村上氏らの提案する評価指標は日最大風速を用いるので，グンベル分布を用いることもある．ちなみに，(6.2.4) 式をグンベル分布を用いて示せば次のようになる．

$$F_j(\leq U_{\max}) = \sum_{i=1}^{16} D_i \exp\left[-\exp\left\{ -a_i\left(\frac{U_{\max}}{G_f R_{ji}} - b_i\right) \right\} \right] \quad (6.2.5)$$

a_i, b_i：風向 i の基準点における日最大平均風速のグンベル係数

ここで (6.2.4) 式および (6.2.5) 式いずれを用いる場合にも，突風率は表 6.4 の（注 3）を参考に決定することとなるが，抽象的な表現で研究者により 2〜2.5 程度のまちまちの値が用いられているのが実状である．そのわりには，結果に影響する度合は大きく，今後，統一的な見解が必要である．ちなみに，突風率は大きめに設定した場合のほうが厳しい評価（強い風の発生頻度が高まる）となる．表 6.6 は，多くの観測結

表 6.6　風環境評価区分別の突風率の平均値 [6.2.7]

風工学研究所		村上氏ら	
領域 A	2.29	ランク 1	2.22
領域 B	2.04	ランク 2	2.04
領域 C	1.95	ランク 3	1.98
領域 D	1.73	ランク 4	1.94

果から風環境の評価区分別に突風率を整理してみた結果である。この意味するところは，たとえば，風工学研究所提案の評価指標で領域Bとなった地点の突風率の平均値は2.04であるということである。

(3) 評価結果

このように，風環境の評価は風速比と気象台の風の特性から計算されることとなるので，この場合の予測の精度としては，風速比そのものの予測精度（風洞実験や流体数値解析そのものの精度）に加え，気象台のデータが対象としている地域の風を代表しているかによって決まる。

図6.6には新宿新都心地域での風工学研究所提案の評価指標による評価結果を示す。少し古い建物の建設状況であるので，現状とは異なる部分もあろうが，高架道路では，道路が高い位置にあることおよび東京での卓越風向の南北に平行であること，さらにそれらの風向時に高層建物が谷間を形成することからかなり厳しい領域Dの風環境が示されている。一方では領域Aの風環境も示され，このような超高層街では領域A

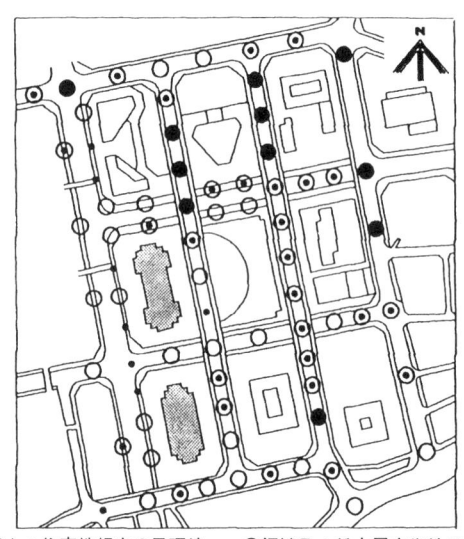

●領域A：住宅地相当の風環境　○領域B：低中層市街地の風環境
⊙領域C：中高層市街地の風環境　◍領域D：好ましくない風環境

図6.6　風工学研究所提案の風環境評価指標による新宿新都心の評価結果

〜Dのさまざまな風環境の地点が示される。しかしながら，高層建物のない低層建物が主となるような住宅地では領域Aが主となり，一部に領域Bが見られる程度で，領域Cや領域Dは一般的に見られない。

　風速の累積頻度は風速比と基準点の風の特性によって決まることとなるので，同じ建物（風速比は同じとなる）であっても，基準点の特性が異なれば風環境の評価結果は異なることとなる。図6.7は単体建物の風速比を用いて札幌，東京，大阪に同じ形状の建物が建設された場合の風工学研究所の提案する評価指標により風環境を評価した結果である。同図のように，建物形状は同じでも風向出現頻度が異なることにより風環境の評価結果が異なることがわかる。すなわち，同じ形状の建物を同じ配置をしても地域によって風の特性が異なるので風環境の評価結果も異なるということである。

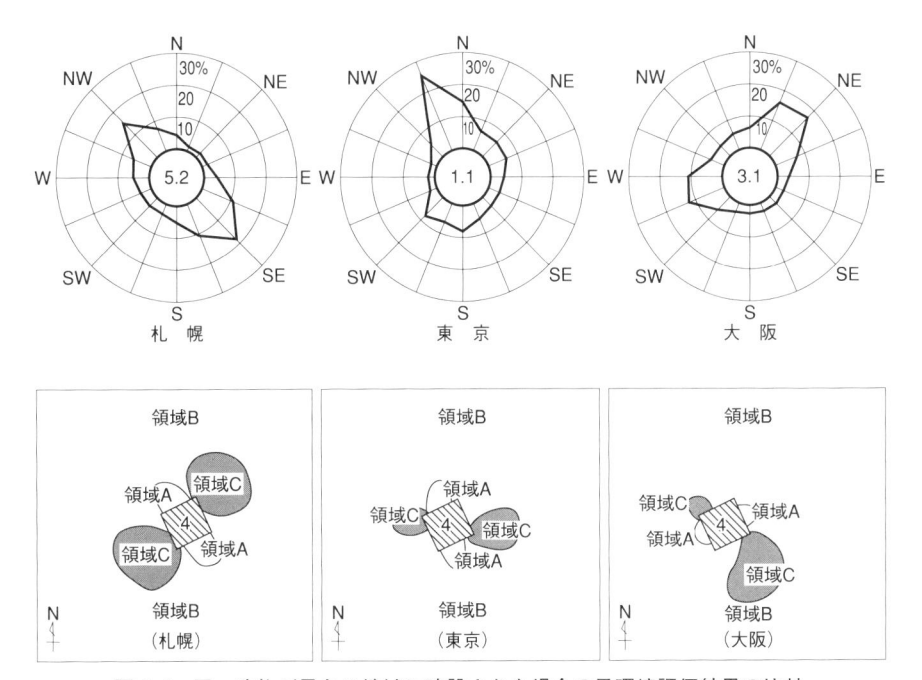

図 6.7　同一建物が異なる地域に建設された場合の風環境評価結果の比較

6.3　強風災害の評価

　ビル風による家屋被害などを直接的に対象とした影響評価指標はないのが現状である。実場面での家屋被害などを対象としたビル風による評価は，通常，先に示した日常の風環境評価もある程度の強風が含まれているので，それによる評価で影響が少なければ，家屋被害などへの影響も少なく，逆にそうでないなら家屋被害の影響はあると判断しているのが，実状である。すなわち，強風災害についても6.2項で示した評価指標が用いられているということである。

　実状は以上のようであるが，建築物の耐風設計に用いられる再現期間と風現象との関係を説明する。風速と風現象については3.1項でふれたが，1つの目安を示せば表6.7のようである。同表に示される（東京で何年に1回）という表現があるが，この年が再現期間である。

　強風災害を論じる上で再現期間の考えを認識していただく必要がある。再現期間とはある風速以上の風が吹く間隔の平均値である。たとえば，風速34 m/s 以上の風が平均的に50年間隔で吹くようであれば，再現期間50年の風速は34 m/s であるという。地震でも何年に1回訪れるというようないい方をするが，それと同じで，50年に1回吹く風は34 m/s であるということである。

　再現期間と風速との関係については荷重指針［2.3.1］に詳しく示されている。それによると，建設地，地表面粗度区分および地上高さに応じて定めることができる。ちなみに，東京の再現期間100年の風速は地表面粗度区分IIIの地上10 m の高さでは28.6 m/s 程度となる。地表面粗度区分については2.3項で説明しているが，地表面粗度区分IIIの一例は低層建物が密集する地域である。さらに，任意の再現期間の風速を次式より算定することができる。この式は，地理的位置により異なるもので，詳しくは荷重指針を参考にされたいが，(6.3.1)式は東京都心付近（地上10 m 高さの再現期間100年の風速が36 m/s，再現期間500年の風速が40 m/s に相当する位置）でのものである。

第6章 風害の評価　71

表6.7 平均風速と風現象（最大瞬間風速は下記風速の1.5〜2倍程度）[6.3.1]

超高層建物 ($H=240mm$)	●8cm/s², ペンダントライト 　2cm揺れる ●2cm/s², ●6cm/s², 50%の人が振動を明確に知覚する ●10cm/s², 50%の人が非常に支障 (不安)を感じる ●鉛筆が転がる ●15cm/s², 100%の人が明確に知覚 ●片足で立っていられない ●20cm/s², 浴槽の水2cm上下 ●浴槽の水が溢れる	●ガラスの耐風圧設計値(15mm厚) ●外装パネルシーリング材の許容変形[1/300] ●レベル1風速[100年] ●1%ぐらいの部材にヒンジ形成？ ●雨漏り　　●弾性範囲 ●レベル2風速[500年]変形角[1/220]
中,高層建物	●手すりの振動 　(7〜8m/s) ●避雷針の振動	●飛散物によるガラス破壊 ●飛散物によらない隅角部ガラス破壊 $C=1.5$ ●外装材の振動　●6mm厚 2m×2mガラスの破壊 $C=1.0$ ●ドアの開閉困難　＜窓破壊による内装材の被害＞ ●屋上断熱ブロック飛散
低層建物		●シャッター破損　●軽プレハブ柱脚持ち上げ ●瓦の飛散　　●間仕切壁に亀裂 ●鉄骨ガレージ降伏 ●木造住宅全壊率古 0.5%(新0.05%) ●木造住宅全壊率古 2%(新0.2%) ●シート防水のはがれ　●木造住宅全壊率古 10%(新1%) ●鉄板屋根全体飛散
周辺の環境	●傘破壊	●老人の転倒　●墓石の転倒 ●鉄道ストップ　●掲示板支柱 $H=1.8m$ $L 50×50×6$ 曲げ破損 ●マンホールのふた移動 $W=30kg$ ●コンクリートブロック塀倒壊 ●金網フェンス倒壊

平均風速 U_{10}　　0　　10　　20　　30　　40　　50　　60(m/s)
再現期間(東京)　　　　　　　　10　20　50　100　500　3000(年)

平均風速 U_{10}は田園地帯での地上10mの値, 最大瞬間風速は平均風速の約1.5倍

$$U_r = U_{100}(0.070\ln r + 0.68) \qquad (6.3.1)$$

　　U_r：再現期間 r 年の風速

たとえば，再現期間10年について計算すれば以下のようになる。

$$U_{10} = 28.6(0.070\ln 10 + 0.68) = 24.1 \qquad (6.3.2)$$

いくつかの再現期間について計算すると表6.8に示すようになる。

さて，再現期間100年の風速以上の風が1年間に発生する確率は1％ (1/100)であるが，100年間の間に発生する確率は63％となる。表6.9にある再現期間の風が任意の年の間に超過する確率をまとめて示す。

表6.8 東京の地表面粗度区分Ⅲ，地上10mでの再現期間別風速

再現期間	10年	30年	50年	100年
風速(m/s)	24.1	26.3	27.3	28.7

表 6.9　再現期間別風速の超過確率（％）

期間＼再現期間	5年	10年	30年	50年	100年
5年	67.2	41.0	15.6	9.6	4.9
10年	89.3	65.1	28.8	18.3	9.6
30年	99.9	95.8	63.8	45.5	26.0
50年	100.0	99.5	81.6	63.6	39.5
100年	100.0	100.0	96.6	86.7	63.4

表6.9の意味するところは，再現期間10年の風速を超える風が5年の間に発生する確率は41.0％，再現期間50年の風速を超える風が5年の間に発生する確率は9.6％，100年の間に発生する確率は86.7％あるということである。

以上のような関係を用いれば，表6.7に示される様々な風現象は風速と対応付けられているので，その風速の再現期間を算定し，高層建物の風速増加により再現期間がどの程度変化するかを計算することも可能である。ちなみに，建築基準法施行令では再現期間を50年にしている。

第7章　ビル風対策

　高層建物を建設すれば風環境は変わるのは当然である。ただし，適切な対策を施すことにより，風環境の変化を極力小さくすることは可能である。また，高層建物を計画する初期の段階から防風対策を考慮していくことが重要である。ここでは，7.1項に基本的な対策の考え方，7.2項では個別の対策方法について示す。

7.1　ビル風対策の基本的な考え方

　ビル風といっても，高層建物自体が風をつくり出すわけではなく，吹いた風が建物の影響で強まるわけで，風のない日は超高層ビルのすぐそばでも風は強くはない。また，風がかなり強いといわれる場所でもせいぜい不快な風が吹くのは3，4割程度である。このために心地よい日の開放的な空間を無駄にしたり，また冬季の暖かい陽を遮ってしまうような常緑樹は考えものである。風が強いときには利用できない場所として割り切ってしまうとか，別に利用できる地下道等のようなルートを確保してしまうのも1つの対策になるということである。要するに『使用頻度，使用目的に応じた防風対策』という考え方が必要である。

　ビル風の対策にはいくつかの方法があるが，先のビル風の現象を述べたところで示したように建物の形状によってその影響の現れ方が異なるので，それらをどのようにするのかが本質的な影響範囲を決めるものとなる。

　一方では，建設対象地では風向頻度の特性があり，それも考慮に入れることが重要である。すなわち，たとえば東京での風向頻度を先に示したが，発生頻度の低い西風などよりも，頻度の高い北北西や南西の風に対して影響を少なくすることが重要となる。本来ビル風の対策は，以上

のような観点から計画の初期の段階において実施することが望まれる。

7.2 対策方法と効果

7.2.1 フェンス，樹木による対策

　ビル風対策の最も代表的なものに植栽がある。最近では，植栽さえすればすべてのビル風が収まってしまうと考える方も多い。しかしながら，大規模の建物により生じた大きな流れを小さな樹木で収めるのはそう簡単ではない。また，風の強いところに植栽するわけなので，うまく育たない場合も多々見られるので注意を要する。

　以下にフェンスや樹木の風下側での風速低下の例を示す。図7.1および図7.2はフェンス，図7.3は樹木の風下側の風速増減率の分布を示したものである。いずれの図も，風下側の距離はフェンスあるいは樹木の

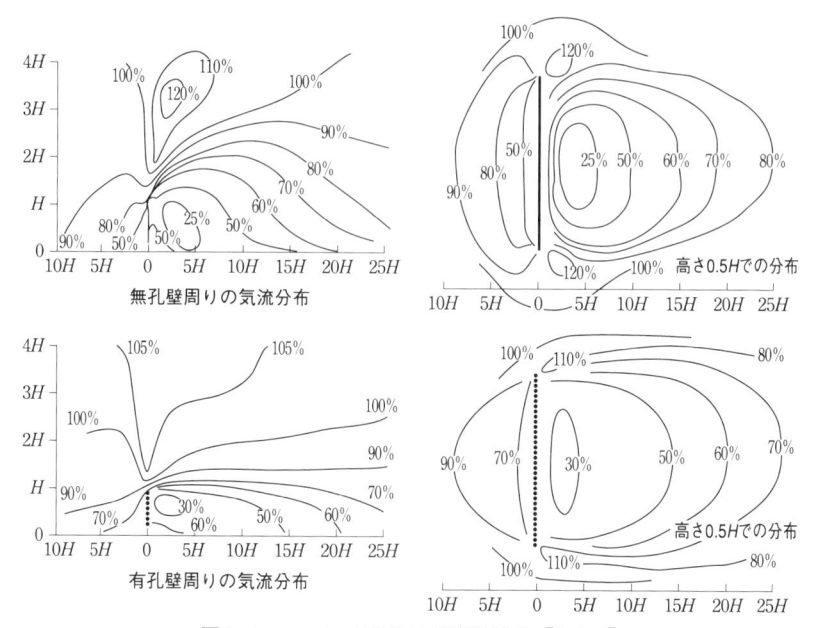

図7.1　フェンス周りの風速増減率　[7.2.1]

〈防風フェンス設置例〉

高さを1とした場合の倍率で示している。フェンスの充実率とはフェンスの外郭の面積に対するフェンス素材で塞がれる部分の面積の割合をパーセントで示したものである。したがって，充実率100％とは無孔壁の壁（隙間のない壁）である。図7.1および図7.2より，フェンスの効果でフェンスの高さの10倍以上も風下側まで風速の低下が見られる。フェンスの充実率による違いを見ると，フェンス近くは充実率が大きいほうが風速の低減度合は大きいが，広範囲に見ると大きな差はない。ただし，ここで示したフェンスの充実率は50％以上で，これより小さな充実率になると効果は徐々に薄れる。また，ここでの結果はフェンスが風向に直角に設置された場合であるが，斜めになるとフェンス風上側にフェンスに沿った強い流れが発生する可能性があるので，注意を要する。この傾向は特に充実率の高い場合に顕著である。

　図7.3に示した樹木による防風効果もフェンスと同様であることがわかる。ただし，防風用の樹木として落葉樹は冬季の防風効果がなくなるので注意を要する。また，風の強いところに植栽するので適切な養生，あるいは群植するなどの配慮が必要である。

　以上はフェンスや樹木の防風効果の基本的な性状で，特に風がフェンスや植栽帯に直角に吹きつける場合を想定しているが，実際には必ずしもそのようなケースばかりではない。また，高層建物近傍では，場所によって風向が大きく変わるところや吹き降ろしの影響が強く風が水平でないところなど，常に同様の効果が得られるとは限らない。

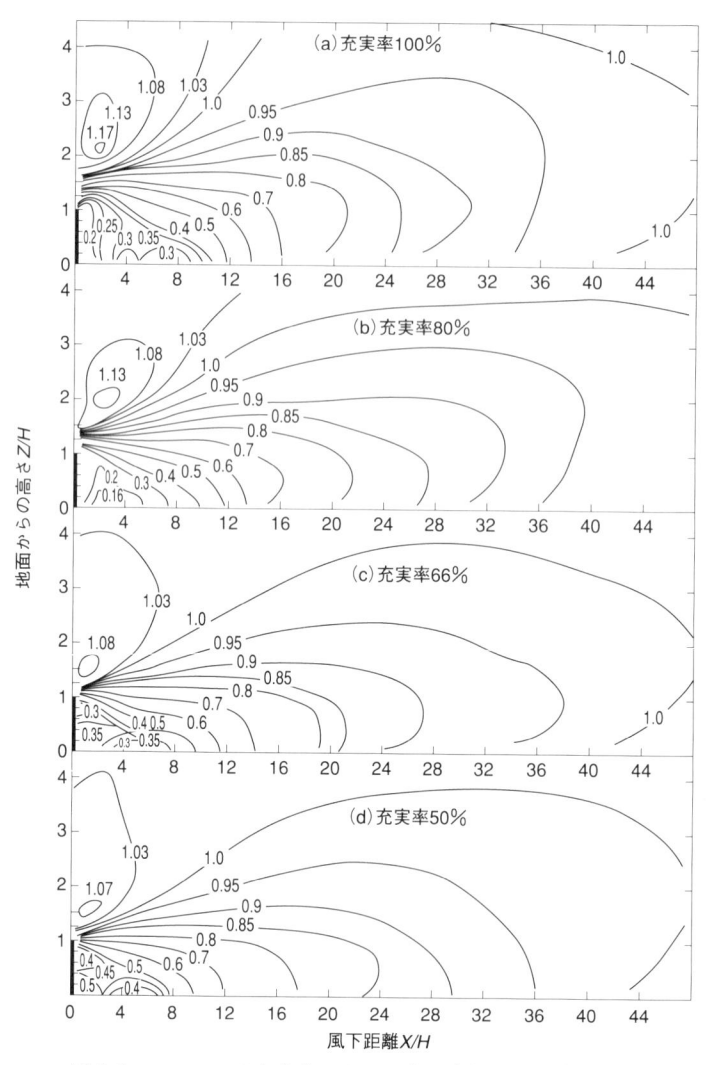

図 7.2 フェンスの充実率による風速増減率の変化 [7.2.2]

　以下に建物近くに対策を施した場合の防風効果についてフェンスを例に示すが，樹木でも同様の効果が得られるものと考えていただいてよい。

　図 7.4 は高層建物の風上側隅角部付近にフェンスを設置した場合の防

〈防風植栽の例〉

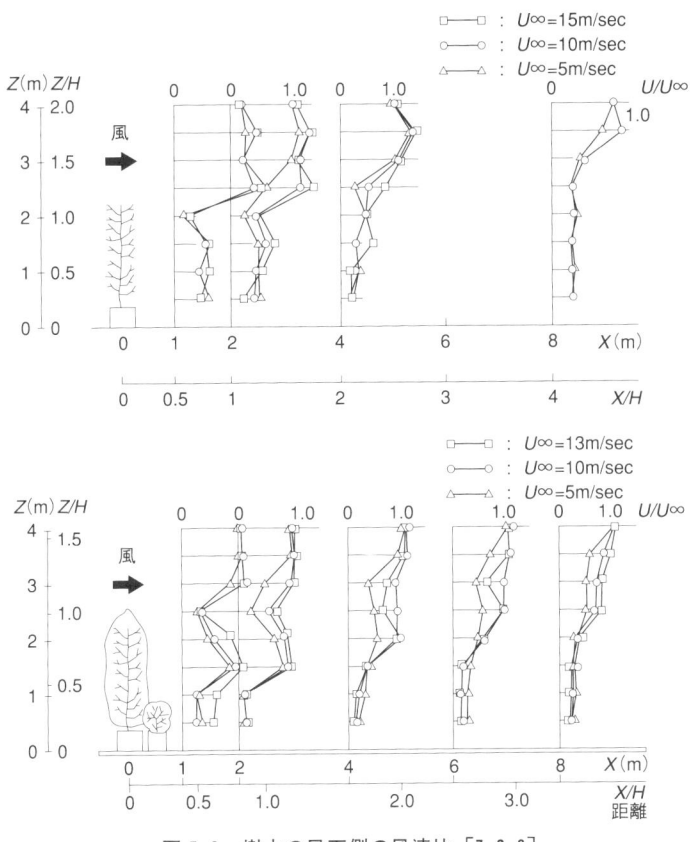

図 7.3 樹木の風下側の風速比 [7.2.3]

(1) (2)

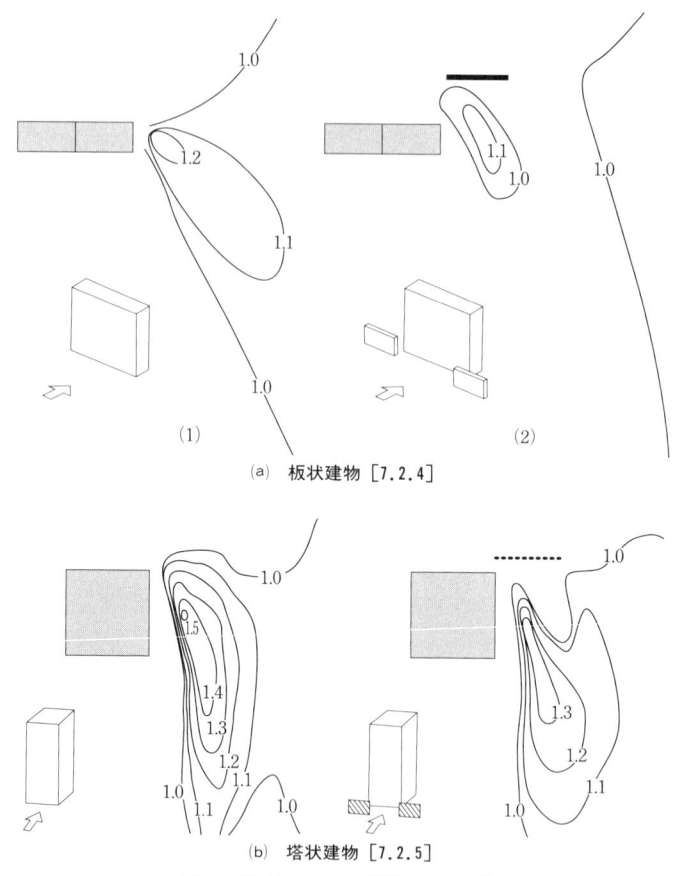

(a) 板状建物 [7.2.4]

(b) 塔状建物 [7.2.5]

図 7.4 防風フェンス設置による効果

風効果を示すものである。同図のように，フェンスの設置により1割程度（図中風速の増減率が1.2から1.1，1.4から1.3へ低下している）の風速低下が示されている。

図7.5および図7.6はフェンスの高さおよび幅による効果の変化を見たものである。当然，規模が大きくなれば効果も増すが，特に吹き降ろしの影響の強い高層建物近くは高さによる効果が高い。

図7.7はフェンスの設置角度による防風効果の差を見たものである。同図より，フェンスは剥離流にできるだけ直角に設置するのが効果的で

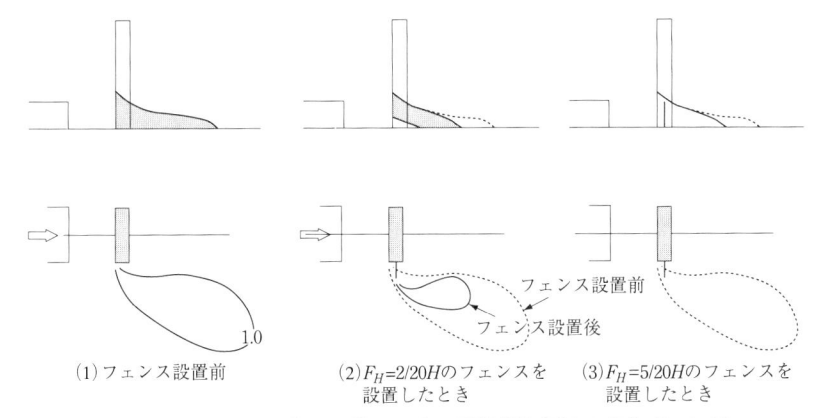

図7.5　フェンスの高さの違いによる風速増加領域の変化［7.2.6］

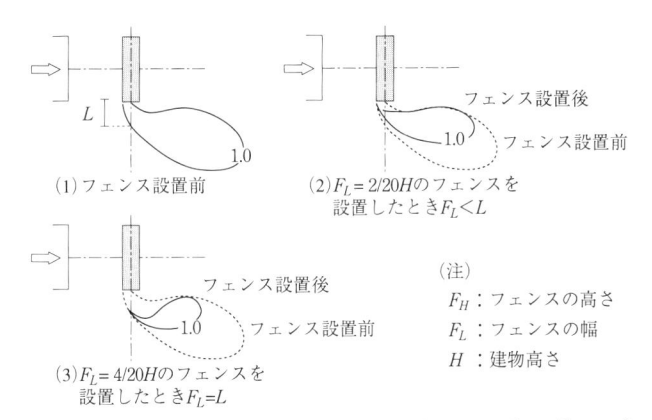

(1) フェンス設置前
(2) $F_H=2/20H$のフェンスを設置したとき
(3) $F_H=5/20H$のフェンスを設置したとき

図7.6　フェンスの幅の違いによる風速増加領域の変化［7.2.6］

(1) フェンス設置前
(2) $F_L=2/20H$のフェンスを設置したとき $F_L<L$
(3) $F_L=4/20H$のフェンスを設置したとき $F_L=L$

（注）
F_H：フェンスの高さ
F_L：フェンスの幅
H：建物高さ

あることがわかる。

図7.8は敷地境界を意識してフェンスを設置した例である。

樹木の配置にも必要に応じ次のような工夫をすると効果的な場合がある。たとえば一例を図7.9に示すが，図7.9(a)のように植栽をし，高層建物角から生じる強い風を押さえようとする方法はよく見られる。これにより，風は樹木の頂部を超えたり，拡散したりして効果を発揮することとなる。ただし，強風の程度によっては十分でなく，また，樹木の横を廻り込んだ流れが別の部分の風速を高めるなどの場合もある。このような場合，図7.9(b)に示すように樹木を配すると，風は内部側へ引き込

(1) $\theta_F = 0°$

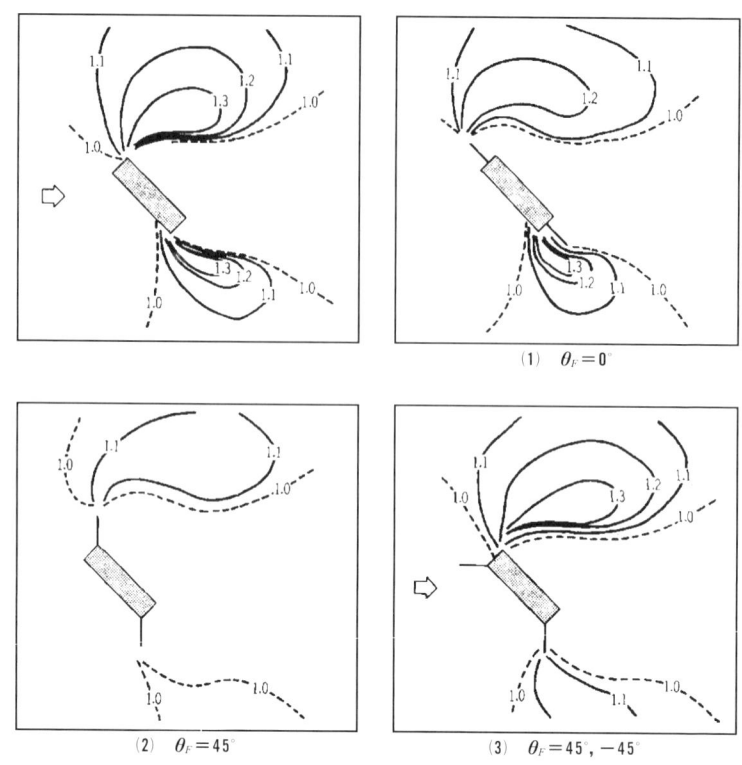

(2) $\theta_F = 45°$

(3) $\theta_F = 45°, -45°$

図 7.7 フェンスの設置場所による風速増加領域の変化 [7.2.7]

まれ，計画地外部の風速を大きく低減できることがある。ただし，計画地内部の風は強まるので注意を要することとなる。この場合は敷地境界沿いに高めの樹木を配し，少し低めの樹木を敷地内に用いるなどの方法がある。また，敷地境界へフェンスを用いたり，樹木と併用したりするのも効果的である。

7.2.2 低層部や庇による対策

高層建物の足下付近に低層部や庇を設けて，地上付近への強い吹き降ろしを防ぐ方法がある。図 7.10 は高層建物の下層部に低層部を設置した例であり，かなり風速が低下していることがわかる。これが庇の場合でも同様の効果が期待できる。ただし，庇の上下や低層部の屋上部分は

(1) フェンスなし

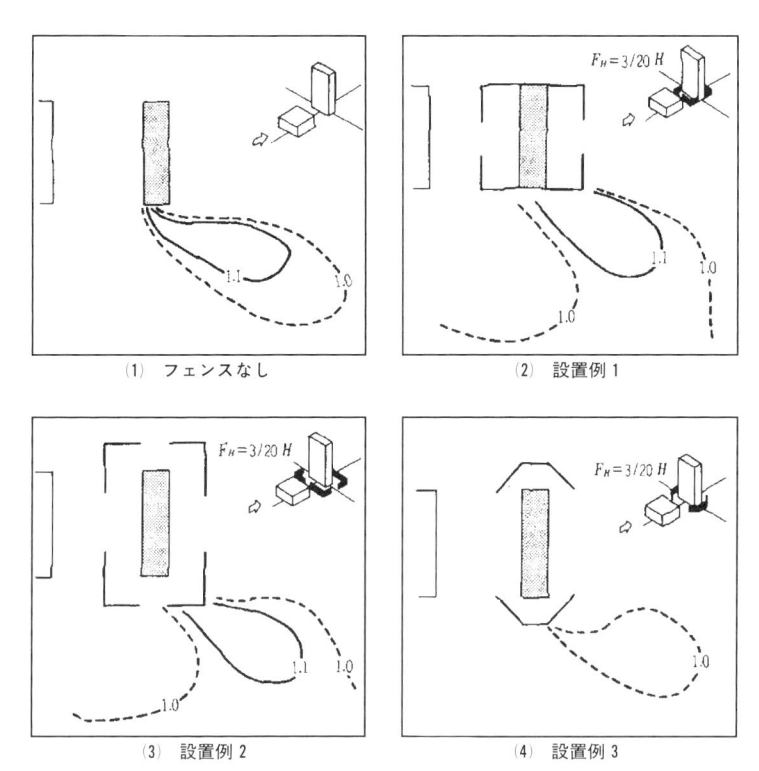

(2) 設置例1

(3) 設置例2

(4) 設置例3

図 7.8 高層建物近くに設置した防風フェンスの効果 [7.2.7]

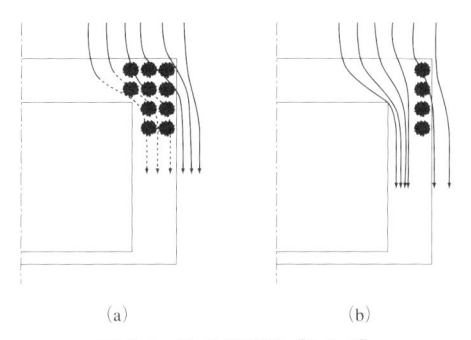

(a) (b)

図 7.9 防風植栽例 [7.2.8]

強い風が吹く可能性があるので注意を要する。

〈大きな庇による防風対策の実施例〉

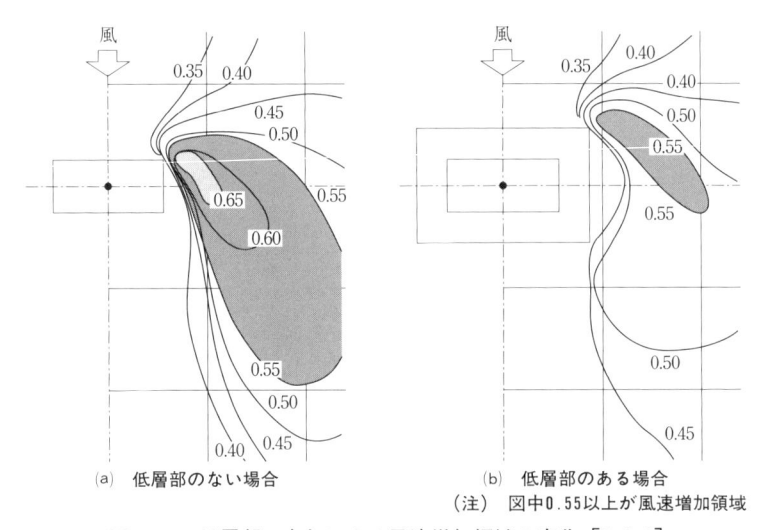

(a) 低層部のない場合　　(b) 低層部のある場合
（注）　図中0.55以上が風速増加領域

図7.10　低層部の有無による風速増加領域の変化 [7.2.9]

7.2.3　隅切り等による対策

　矩形平面建物のコーナー部をカットして風速を低減する方法がある。図7.11はその一連の効果を示す実験結果である。コーナー部をカットすることにより，風速増加領域は小さくなり，また建物沿いによってくる傾向がある。そのため，風速増加の影響を計画地内部に抑えようとす

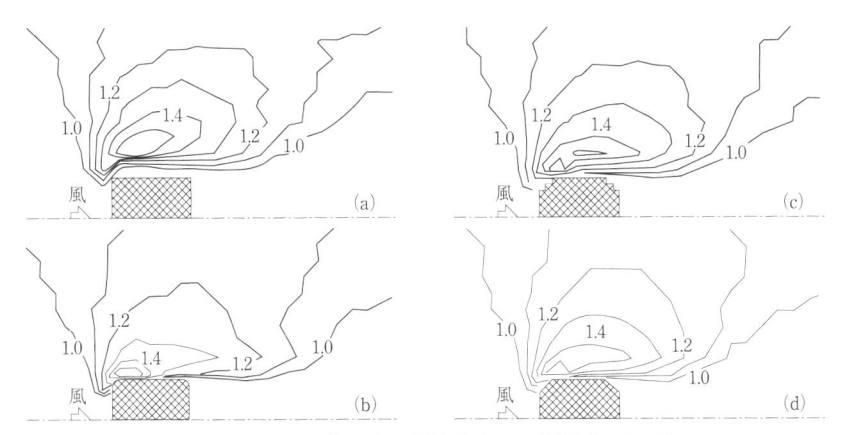

図 7.11　隅切り等による風速分布への影響 [7.2.10]

〈隅欠きによる防風対策〉

る場合に有効である．隅の形状に応じ，同図(b)隅丸，(c)隅欠き，(d)隅切り，と呼ばれることがある．

7.2.4 壁面の凹凸による対策

壁面にベランダなどによる凹凸があると，気流が乱されるため壁面が滑らかな場合に比べ，剥離流や吹き降ろしの風速が弱まる可能性がある．図 7.12 はベランダの出の大きさと風速増減率の関係を風洞実験により検討した例である．明らかに，風速増減率は，ベランダのない場合に比べベランダのある場合のほうが小さく，また，ベランダの出が大きくなるほどより効果的なことがわかる．

ただし，ここで示すように建物単体での検討では顕著な差が見られるが，低中層の林立するような街並みでの効果はそれほどでもない．

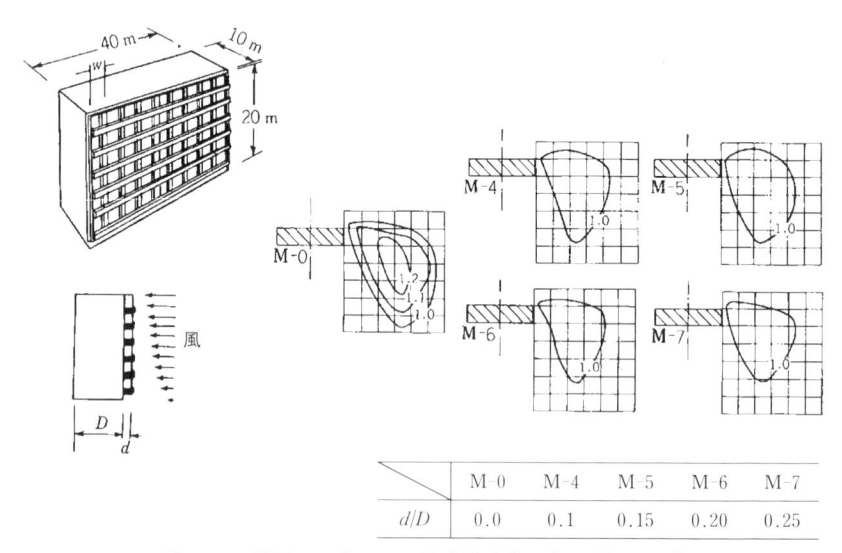

	M-0	M-4	M-5	M-6	M-7
d/D	0.0	0.1	0.15	0.20	0.25

図 7.12　壁面の凹凸による風速増減率の変化　[7.2.11]

7.2.5 セットバックによる対策

大きなセットバックは剥離流や吹き降ろしを大きく低減する．図 7.13 はセットバックにより風速増減率の変化を検討した実験例を示すものである．

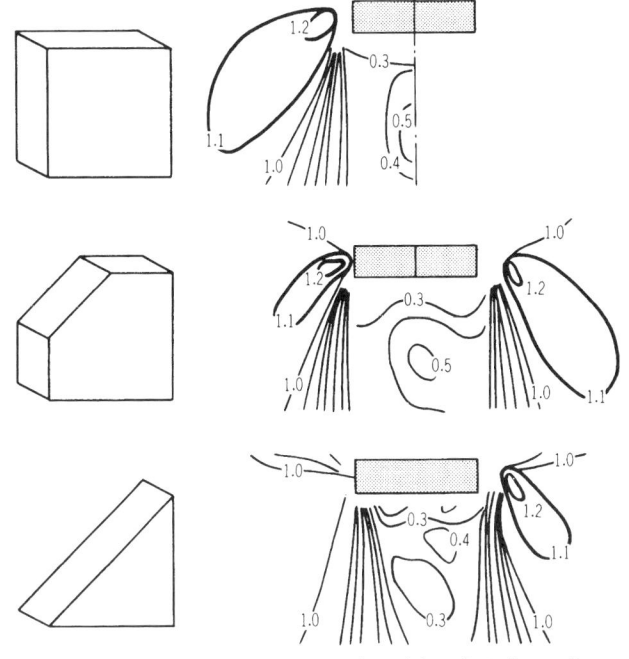

図 7.13　セットバックによる風速増減率の変化 [7.2.4]

7.2.6　中空化による対策

　建物の途中に風穴があるとそこを風が通過し，地上に吹き降ろす風を低下することができる。図 7.14 はその様子を示す実験例である。図中の 2～6 が建物高さの 1 割の高さを中空化させた場合，7～10 は 2 割中空化した場合である。また，下に示される数値 S は中空化なしの場合の風速増加領域の面積を 1 とした場合のその他の風速増加領域の面積の割合を示すものである。中空化の大きさが大きいほど効果が大きい傾向がうかがえる。ただし，中空化した中の風速は強いので，使用に当っては注意を要する。なお，同図(b)は 1 と 7 のケースについて 1.1 以上の風速増減率の平面の分布を示すものである。

〈中空化による対策例〉

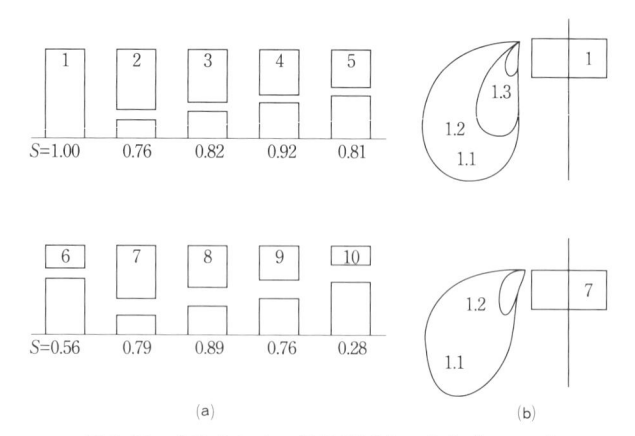

図 7.14 中空化による風速増減率の変化 [7.2.12]

第8章　風の観測

　観測はビル風の予測の直接的な手段ではないことを理解する必要がある。よく，観測すれば何でもわかるような考えをもたれる方がおられるがそうではない。あくまでも，事実を知るためのものである。もちろん，予測の手助けとなることは大いに期待できる。また，対象建物の建設前後の観測を行い影響度合を直接に比較することができる。

8.1　観測期間

　わが国の気候は，季節変動が激しいため風の観測は1年間以上行うのが望ましい。強い風が吹いたときに観測すればよいということがよくいわれるが，それなりの体制を整えておくことは難しいし，また，観測結果はばらつきがあり，多くのデータから統計的に判断する必要があるため，あまり望ましくない。

　図8.1(a)は東京管区気象台（以下，気象台と記す）の過去10年間（1995～2004年）における風向出現頻度を示すものである。各年によるばらつきは見られるが，多くは似たような傾向を示しており，1年間の観測記録から長期の傾向を把握できることがわかる。同図(b)は2000年の月別，同図(c)は季節別の風向出現頻度を示したものであるが，いずれも1年間統計のものに比べ大きく異なることが読み取れる。同図(d)は各季節の1ヵ月間，都合4ヵ月間（たとえば，3，6，9，12月）平均と1年平均とを比較したものであるが，両者は比較的よく一致している。本来，1年間の観測が望まれるが，観測期間を短縮せざるをえない場合の一方法としてはこのような観測期間の選択が考えられる。

(a) 95〜04年の各年平均

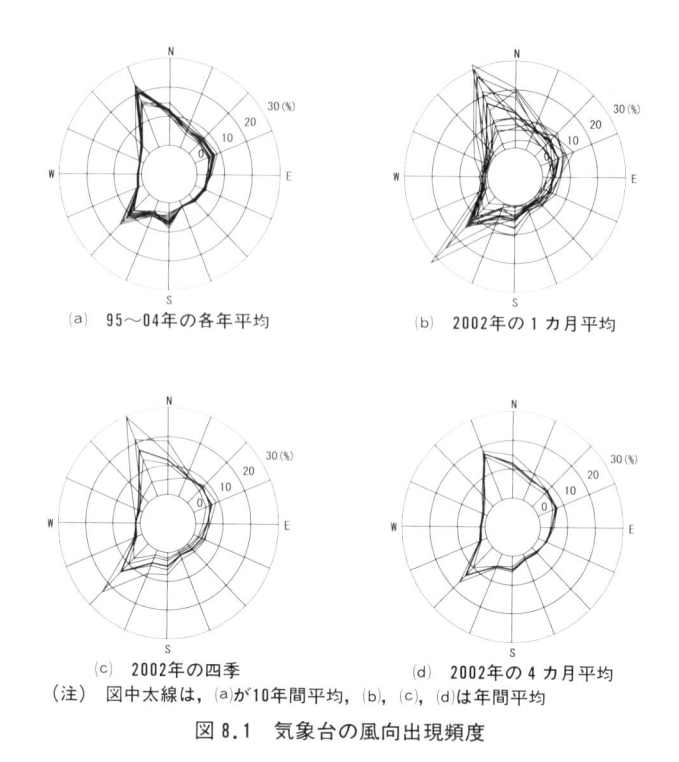

(b) 2002年の1カ月平均

(c) 2002年の四季

(d) 2002年の4カ月平均

（注）図中太線は，(a)が10年間平均，(b)，(c)，(d)は年間平均

図8.1　気象台の風向出現頻度

8.2　観測地点

　観測点の数は多いほどよいが，多大な費用を要し，また，実際に観測する場合，交通の障害などから設置地点の制約を受けることにもなり，現実的には数地点で行われる。観測の目的がある特定な地点に限定されているときは問題とならないが，予測結果の検証のための場合，予測した測定点すべてで観測することは不可能である。このような場合，数地点での観測によりそれらが予測結果と一致していれば，その他の地点でも同様な方法で予測しているのですべて一致していると判断する。また，両者に差がでた場合も詳細な検討を行うことにより，原因をつきとめ，観測されていない地点での実際との差を補正することも可能であ

る。

　実場面での観測点の数は，大規模開発の場合には 10 点以上の観測点を設ける場合もあるが，通常は数点で行われている。ただし，1 点の観測結果から開発地域のすべての状況を判断するにはデータの特異性などの点から好ましくない。

8．3　観測方法

　自然風の観測は気象庁で示されている地上気象観測指針［8.3.1］に基づいて行うのがよい。詳細は指針に譲るが，最も注意する点は観測する目的に応じて適切な場所を選定することである。ビル風の観測では，一般的にある範囲の代表的なところとして観測点を設定するので風にとっての障害物の極近くは避ける必要がある。たとえば，風速計のすぐ傍に樹木があるような場合，その影響を直接的に受けてしまうだけでなく，葉の繁りがよく風速計と接触しているような光景を見ることもある。また，設置の簡素化から建物壁面から腕木を出して観測を行う場合は十分な腕木の長さを確保する必要がある。

8．4　観測機器

　風向風速計には多くの種類があるが，通常の観測で用いられるのは以下の 3 種である。
　(a)　風車型風向風速計
　(b)　矢羽根型風向計，風杯型風速計
　(c)　超音波風向風速計
それぞれの風向風速計の外形を図 8.2 に示す。それぞれ一長一短であるが，矢羽根型風向計，風杯型風速計および風車型風向風速計はほぼ同様な性質で，超音波風向風速計は応答性に優れている。一方，超音波風向風速計は今まで操作性および価格の面で難があったためか，ビル風観測には矢羽根型風向計，風杯型風速計が最も多く，次いで風車型風向風速

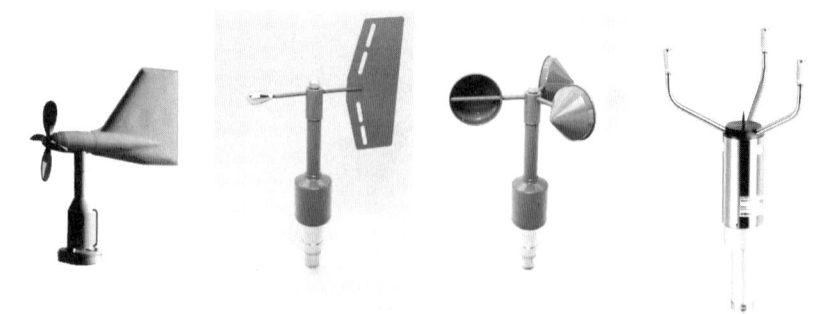

(a) 風車型風向風速計　　(b) 矢羽根型風向計，風杯型風速計　　(c) 超音波風向風速計

図 8.2　風向風速計

計が使われており，超音波風向風速計はあまり使用されていない。ただし，最近は安価で扱いやすい製品も開発されてきている。

　風向風速計は目的に応じて観測機器の精度などを十分に理解した上で選択する必要がある。ラフなデータでよいのであれば安価な簡易型の風向風速計があるので，それを用いるのもよい。ただし，理想的には気象庁の検定に合格したものを選ぶのがよいが，検定に合格する性能をもつものであれば特に問題はない。

8.5　観測結果の解析

　通常ビル風の観測の解析は，事前に予測された結果の検証，あるいは直接的に観測を行い風環境のレベルを見たり，高層建物建設前後の観測を行い影響度合を検討するために行われる。いずれの場合も主に以下の2点で検討することとなる。
- (a) 風環境評価指標
- (b) 風速比

8.5.1　風環境評価指標による検討

　この方法は，単純に観測結果から風環境の評価指標に当てはめて評価するものである。たとえば，風工学研究所提案の指標であれば累積頻度55％と95％の風速，村上氏ら提案の指標であれば日最大瞬間風速10，

15，20 m/s 以上の超過頻度を直接求めればよい。これにより現在の風環境のレベルがどの程度なのかがわかる。対象となる建物建設前後で観測を行っていれば両者を比較することで影響度合を判断することもできる。もちろん，その結果を予測結果と比較し，予測精度を検討することもできる。先にも述べたが，観測は1年間行う必要がある。1年間の観測でもその年の風速が例年に比べて弱かったり，強かったりする場合もあるので注意を要する。特に，日最大瞬間風速 20 m/s のような極めて

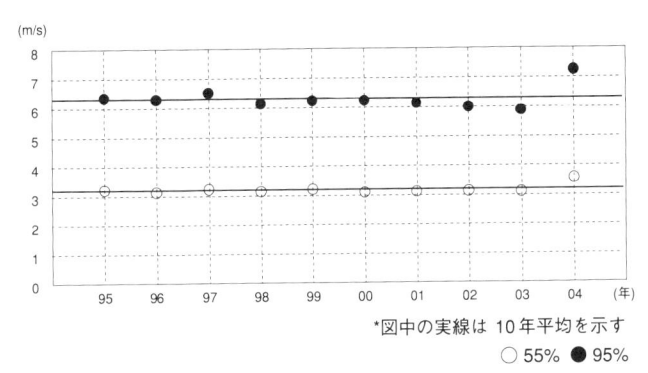

(a) 年別の累積頻度 55%，95%の風速

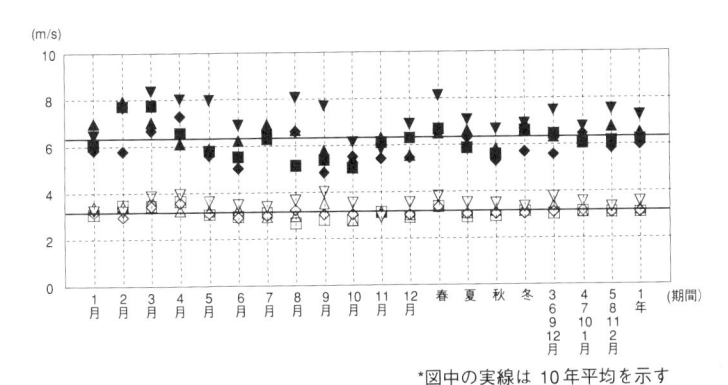

(b) 月，季節，4ヵ月，年の累積頻度 55%，95%の風速

図 8.3　累積頻度別風速の観測時期による差

まれに起こる現象は1年間の観測では短い場合がある。これを解決する1つの手段として，観測結果を確率モデルに当てはめ検討する方法がある。他方，事前に予測された結果と比較するような場合，予測時点と周辺建物などが変化する場合もあるので注意を要する。

図8.3には風工学研究所が提案する風環境評価指標で用いられる累積頻度55％および95％の風速について図8.1の風向出現頻度と同様の検討を行った結果である。同図(a)は各年の比較であるが，2004年を除くと10年間平均との差は1割以内で，これからも1年間の風の観測により全体の傾向をほぼ把握することができる。2004年の異常な風速の高さは，台風の来襲頻度が高かったことなどが関係していることが考えられるが，明確な原因はわからない。このようなこともありうるということも認識する必要がある。2005年に入り風速は下がっているようではあるが，今後の検討が必要である。同図(b)は1997，2000，2002，2004年を例に1年以内の観測記録から解析した結果を示すものである。この場合も，1カ月ごとの場合はばらつきが多く，1年間の傾向を検討するには無理があることがわかる。四季別，4カ月平均および1年平均の結果は2004年を除いて10年平均との差はほぼ1割程度に収まっている。ただし，四季別の結果は春季および冬季に大きめ，夏季および秋季に小さめの値を示す傾向がある。したがって，先の風向出現頻度の特性などを含めて考えれば，1年間の観測が望まれる。

8.5.2 風速比による検討

観測から風速比の検討を行うこともできる。予測手法のところで述べたが，風洞実験や流体数値解析では風速比を予測するものであることを示した。この風速比を直接比較しようとするものである。たとえば，基準点として気象台を選定したとすれば，観測期間中の気象台の風向風速記録を取り寄せ，同一時刻の風速比を以下のように算定する。

(風速比)＝(観測された風速)÷(気象台での風速)

上式で得られた風速比を気象台での風向別に分類する。風向別に分けられた風速比を気象台の1 m/s間隔での風速範囲のグループに分ける。

それらの平均値を風向別にプロットする。一例を図8.4に示す。同図は3つの風向について，基準点の風速が3 m/s 以上の風速比を示したものである。図中○印は1 m/s の間隔内に入る風速比の平均値，その上下に延びる軸は風速比のばらつきを表す±標準偏差である。このように実際に観測される風速比にはばらつきがあり，風速がある程度高くなると風速比が一定になる傾向が示される。ただし，全体のデータ数が少ない風向Wについては風速によるばらつきが見られる。ここに示す結果は1年間の観測記録から得たものであるが，1年間の記録でも，一部の風

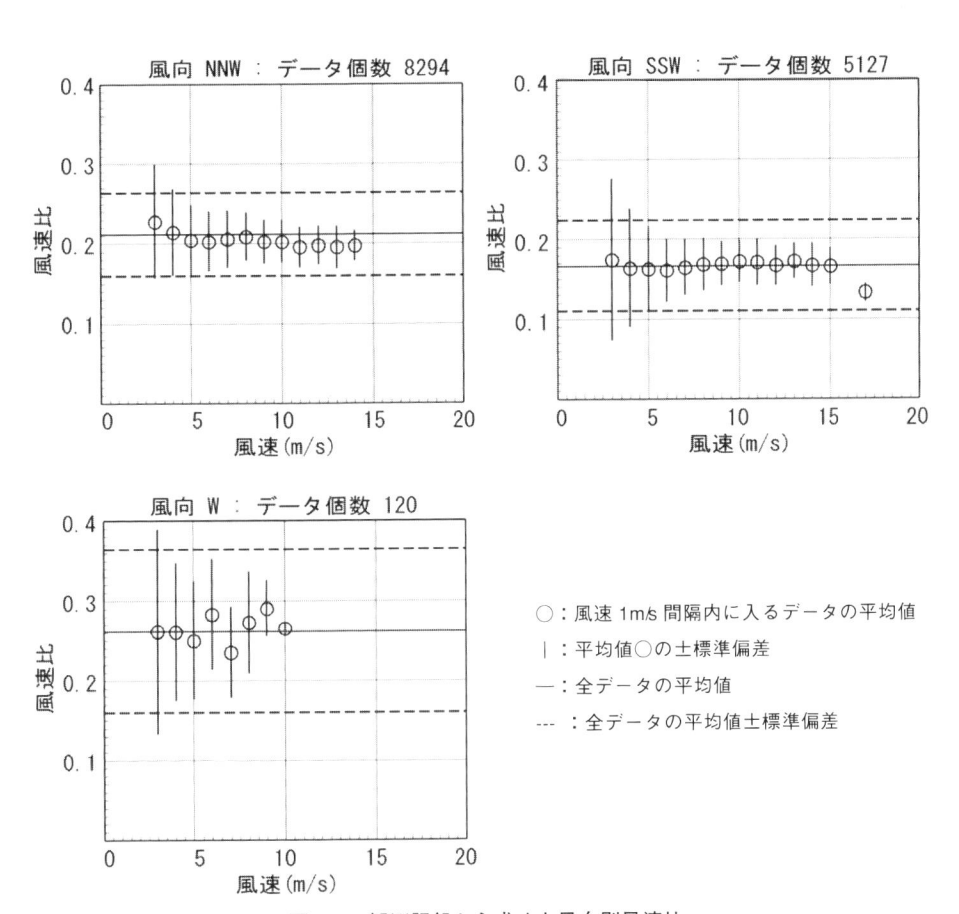

図 8.4　観測記録から求めた風向別風速比

向の風速比は精度の面から除外する必要がある。このことからも短期間の記録では安定した結果を得ることができないことが示される。

　以上のようにして求められた風速比を予測時のものと比較し検討することができる。また，建設前後の風速比があれば両者の比をとることにより風速増減率を求めることもできる。ただし，風速増減率で影響度合を見ようとしてもその許容限度が示されているわけではなく，また，予測時の風速比と比較しようとしてもどの程度までの誤差を問題視する必要があるかなどの定義がなく，結果を検討するために専門的な知識を要する。

参考文献

1) [1.1] 日本建築学会：都市の風環境評価と計画―ビル風から適風環境まで―，1993年3月
2) [2.3.1] 日本建築学会：建築物荷重指針・同解説，2004年
3) [3.1.1] 田村幸雄：風と建築構造，建築技術8月号，No. 631, pp. 92-95, 2002年
4) [3.3.1] 村上周三，出口清孝，後藤剛史，上原清：歩行者に対する強風の影響とその評価尺度に関する研究，日本建築学会論文報告集，第287号，昭和55年1月
5) [4.2.0] 亀井勇，丸田栄蔵，田中成治：地域別による強風区域について，日本建築学会大会学術講演梗概集，No. 2129, 昭和49年10月
6) [4.2.1] 風工学研究所編：新・ビル風の知識，1989年9月
7) [4.2.2] 吉田正昭，本郷剛，中村修：周辺気流に関する実験的研究，―はく離流および谷間風による風速増加領域―，鹿島建設技術研究所年報，第23号, pp. 253-258, 1975年6月
8) [4.2.3] 三上力，新堀喜則，薬袋寿紹，加藤信男：建物周辺気流に関する研究（その3）建物形状による周辺気流変化の実験的研究，東急建設技術研究所報，第4号, pp. 8-13, 1977年
9) [4.2.4] 亀井勇，丸田栄蔵：高層建築物周辺に生ずる強風領域の実験的研究，日本建築学会論文報告集，第232号，昭和50年6月
10) [4.2.5] 亀井勇，丸田栄蔵，田中成治：測定高さによる強風区域の相違について，日本建築学会大会学術講演梗概集，No. 2137, 昭和50年10月
11) [4.2.6] 亀井勇：中高層建築物相互間内の強風区域，日本建築学会大会学術講演梗概集，No. 2131, 昭和49年10月
12) [4.2.7] Ishizaki, H. and I. W. Sung: Influence of Ajacent Buildings to Wind, Wind Eng., Proc. 3rd Intern. Conf., Tokyo, JAPAN, pp. 146-152, 1971
13) [4.2.8] T. Stathopoulos, R. Storhs: Wind environmental condition in passages between buildings, J. of Wind Engineering and Industrial Aerodynamics, Vol. 24, No. 1, pp. 19-31, 1986
14) [4.2.9] Wise, A. F. E.: Effects due to grounds of buildings, Phil. Trance. Roy. Soc., London A 296, pp. 469-485, 1971
15) [4.3.1] 勝田高司，村上周三，上原清，小峰祐己：街区の中に建つ高層建築物周辺の気流分布に関する風洞実験，日本建築学会論文報告集，No. 256, 1977年6月
16) [5.0.1] 日本建築センター：建築物風洞実験ガイドブック，平成6年6月
17) [5.0.2] 東京都：東京都環境影響評価条例，平成14年
18) [5.1.1] 藤井邦雄，浅見豊，岩佐義輝，深尾康三，川口彰久，吉田正昭，眞田早敏：新宿新都心地域の風―実測と風洞実験の比較―，第5回構造物の耐風性に関するシンポジウム論文集，1978年12月
19) [6.2.1] A. D. Penwarden "Acceptable wind speed in towns" Building Science,

Vol. 8, No. 3, pp. 259-267, 1973

20) ［6.2.2］日本建築学会：都市の風環境評価と計画，1993年3月
21) ［6.2.3］Soligo, M. J., P. A. Irwin and C. J. Williams: Pedestrian Comfort including Wind and Thermal Effects, Third Asia-Pacific on Wind Engineering, Hong Kong, pp. 961-966, 1993
22) ［6.2.4］風工学研究所編：新・ビル風の知識，鹿島出版会，1989年
23) ［6.2.5］中村修，吉田正昭：市街地の風の性状，第9回風工学シンポジウム，1986年
24) ［6.2.6］村上周三，岩佐義輝，森川康成：居住者の日誌による風環境調査と評価尺度に関する研究，日本建築学会論文報告集，第325号，pp. 74-84，昭和58年3月
25) ［6.2.7］中村修，宮下康一，勝村章：風環境評価指標の比較，日本建築学会大会学術講演梗概集，No. 40421，2002年8月
26) ［6.2.8］猿川明，宮下康一，中村修，佐々木正憲：風環境評価指標と最大瞬間風速の発生頻度の関係風環境評価指標の比較，その2，村上らによる方法との関係，日本建築学会大会学術講演梗概集，No. 40421，2005年8月
27) ［6.3.1］田村幸雄：風による被害，建築防災，(財) 日本建築防災協会，pp. 5-11，1996年9月
28) ［7.2.1］R. M. Aynsley "Wind effects on high and low rise buildings" Architectural Science Review, Vol. 16, No. 3, pp. 142-146, 1973
29) ［7.2.2］J. K. Raine, D. C. Stevenson "Wind protection by model fences in a simulated atmosphere" J. of Industrial Aerodynamics, Vol. 2, No. 2, pp. 159-180, 1977
30) ［7.2.3］上原清，勝田高司，村上周三：防風植栽の性能に関する実物の樹木を用いた風洞実験，日本建築学会関東支部研究報告集（計画系），pp. 93-96，昭和51年
31) ［7.2.4］勝田高司，村上周三，池田耕一，上原清：建物周辺に発生する強風ならびに防風垣による強風の遮蔽に関する風洞実験，その1，単独模型の場合，日本建築学会論文報告集，第233号，pp. 121-132，昭和50年7月
32) ［7.2.5］吉田，本郷他：防風ネットフェンスに関する実験的研究，鹿島建設技術研究所年報，第23号，pp. 259-264，1975年6月
33) ［7.2.6］住宅・都市整備公団建築部建築技術開発部：高層建築物における周辺気流の影響とその対策に関する開発研究（その2），開研79-070，昭和57年5月
34) ［7.2.7］住宅・都市整備公団建築部建築技術開発部：高層建築物における周辺気流の影響とその対策に関する開発研究（その3），開研81-087，昭和57年5月
35) ［7.2.8］中村修：建築物の周辺の不快な風（ビル風）はどうすれば予防できるか，建築技術，pp. 134, 135，2002年8月
36) ［7.2.9］三上力，新堀喜則，薬袋寿紹，加藤信男：建物周辺気流に関する研究（その3）建物形状による周辺気流変化の実験的研究，東急建設技術研究所報，第4号，pp. 8-13，1977年

37) ［7.2.10］織茂俊泰，植松康，山田大彦，中山実，児玉耕二：高層建築物の風環境に及ぼす建物隅角部形状の影響に関する研究，日本建築学会学術講演梗概集，pp. 109-110, 1990年10月
38) ［7.2.11］三上力，新堀喜則，薬袋寿紹，加藤信男：建築物壁面粗滑が周辺の強風区域に及ぼす影響，東急建設技術研究所報，第2号，pp. 40-45, 1974年
39) ［7.2.12］関根，新上：建築物周辺気流の性状について，その4，建物形状と周辺気流の関係について，日本建築学会中国支部研究報告集，6巻2号，pp. 145-148, 昭和54年3月
40) ［8.3.1］気象庁：地上気象観測指針，2002年

資料編

■資料1　関連基準

　ビル風を直接的に規制する法律はない。ただし，都道府県や市区町村単位で定められる環境影響評価の一環として取りあげられている場合が多く見られる。

　環境影響評価は，土地の形状の変更，工作物の新設，その他これらに類する事業を行う事業者が，その事業の実施に当りあらかじめその事業に係わる環境への影響について，自ら適正に調査，予測または評価を行い，その結果に基づき，その事業に係わる環境の保全について適切に配慮しようとするものである。

　昭和59年に『環境影響評価の実施について』の閣議決定が行われ，平成5年に制定された『環境基本法』に基づいて各地方自治体で条例等を設け環境影響評価が行われている。したがって，対象とする項目や評価方法が地方自治体によって多種多様である。

　ここでは，現在，地方公共団体において実施されている環境影響評価条例における評価項目のうちで，『風害』の項目に的を絞って，調査方法・予測方法・評価方法などの基本的な考え方（ガイドライン）を，環境影響評価技術指針を中心に抜粋し取りまとめた。対象とした地方自治体は，都道府県47，東京23区，政令指定都市13の合計83とした。すべての情報をもれなく調べることが難しいので以下の方法で検索した。

(1)　基本的にはインターネットにより地方自治体のホームページへアクセスし，環境影響評価条例等をピックアップした。
(2)　対象事業として『高層建築物』が指定されているかを検索し，対象事業の要件として『高さ』と『面積』が明示されているかを調査した。

(3) 風に関係すると思われるキーワードとして，『風害』を指定して検索した。
(4) 風害が見つからなかったときは，次に『風』，『気象』，『風向』，『風速』を随時指定し検索を行った。なお，これらについては文章の前後関係を読み取り，風害の内容と判断されるものをピックアップした。

　調査した83の地方自治体のうち，環境影響評価条例の中で風害等が明示されており，かつ対象事業として高層建築物を指定している地方自治体は20件であった。なお，東京23区については港区のみであり，その他の区は東京都の条例に従い，区独自の条例は制定していない。
　調査した結果を，表-資1.1にまとめた。なお，表には対象事業の規模や風に関する調査の必要性，環境影響評価条例等の有無，地方自治体のホームページから取得する際のファイル形式等，あるいは報告書掲載の条例の原典を示すので詳しくはそれらを参考にされたい。
　環境影響評価条例では，『高層建物の建設による風害を検討すること』と簡単に示されるものから，かなり細かな規定まで設けられているものまである。中でも東京都では技術指針[*1]を設け，かなり詳細な事項まで示されている。また，事後調査基準が定められているところも多く，現地で観測を行い予測結果の検証を義務付けているものもある。
　以上とは別に，多くの都道府県や区市で『中高層建築物の建築に係わる紛争の予防と調整に関する条例』を制定している。東京都および23区すべてにおいても制定されている。この場合，対象となる建築物は高さとして10m以上，または，地上4階以上とされており，項目として『風害』が盛り込まれている。近隣との紛争を防ぐために，近隣関係住民（敷地境界から計画建築物の高さの2倍）に対して，近隣関係住民からの申し出があった場合には，説明会等の方法により説明することが義務付けられている。
　東京都内の大規模な建築物は，総合設計制度等が用いられる場合が多く，その規定に従うこととなる。その規定『東京都総合設計許可要綱実

施細目』では，次のように高さ60 m 以上，商業地域以外の用途地域では高さ45 m 以上の建物に対して風害の調査が義務付けられている．

(1) 商業地域内に建てる高さ60 m 以上の建物は，何らかの方法で風害調査を行う．100 m 以上の建物は風洞実験を行うとともに，原則として，風向・風速計を設置し，建設前・後の観測を行うこと．

(2) 商業地域以外に建てる高さ45 m 以上の建物は，何らかの方法で風害調査を行う．60 m 以上の建物は風洞実験を行うとともに，原則として，風向・風速計を設置し，建設前・後の観測を行うこと．

*1　東京都環境局：東京都環境影響評価技術指針，平成1年1月

表-資1.1 環境影響評価指導要綱 —大規模・高層建築物の建築—

都道府県	47
東京23区	23
政令指定都市	13
計	83

No.	都道府県	自治体	風害	風	局地風	気象	風向風速	対象事業の要件 高さ	対象事業の要件 面積	2005年7月現在 条例等の有無	ファイル型式等[3]
1	北海道	北海道	○								
2	青森	青森県	○					100 m 以上 かつ	100,000 m² 以上	●	
3	岩手	岩手県						50 m 以上[1] 又は	100,000 m² 以上	●	
4	秋田	秋田県	○								
5	宮城	宮城県	○					100 m 以上 又は	50,000 m² 以上	●	
6	山形	山形市						50 m 以上		○	
7	福島	福島県	○								
8	茨城	茨城県	○								
9	栃木	栃木県	○								
10	群馬	群馬県	○							○	
11	埼玉	埼玉県	○					100 m 以上	50,000 m² 以上	●	
12	千葉	千葉県	○					100 m 以上 かつ	100,000 m² 以上	●	
		さいたま市	○							▲	
		千葉市	○	○					50,000 m² 以上	△	
13	東京	東京都	○				○			△	
		千代田区	○							△	
		中央区	○							▲	
		港区	○							△	
		新宿区	○							△	
		文京区	○							▲	
		台東区	○							△	
		墨田区	○							△	
		江東区	○							△	
		品川区	○							△	
		目黒区	○							△	
		大田区	○							▲	
		世田谷区	○							△	
		渋谷区	○							△	
		中野区	○							△	
		杉並区	○							▲	
		豊島区	○							△	
		北区	○							△	
		荒川区	○							△	
		板橋区	○							▲	
		練馬区	○							▲	
		足立区	○							△	
		葛飾区	○							△	
		江戸川区	○							●	
14	神奈川	神奈川県	○					100 m 以上	50,000 m² 以上	●	
		横浜市	○					75 m 以上[2]	50,000 m² 以上		
		川崎市	○					80 m 以上 かつ	50,000 m² 以上		
15	静岡	静岡県	○		○			100 m 以上	50,000 m² 以上	○	

表-資 1.1 (続)

No.	都道府県	自治体	風害	風	局地風	気象	風向風速	対象事業の要件 高さ	対象事業の要件 面積	条例等の有無 ファイル型式等[3]
16	山梨	山梨県								○
17	長野	長野県								○
18	新潟	新潟県								○
19	富山	富山県								○
20	石川	石川県								●
21	福井	福井県								●
22	岐阜	岐阜県				○		50 m 以上		○
23	愛知	愛知県								●
		名古屋市	○				○	100 m 以上 かつ	50,000 m² 以上	○
24	滋賀	滋賀県						60 m 以上 かつ	50,000 m² 以上	○
25	三重	三重県								○
26	奈良	奈良県								○
27	京都	京都府	○				○	45 m 以上 かつ	50,000 m² 以上	○
28	大阪	大阪府						150 m 以上 かつ	100,000 m² 以上	●
		大阪市						150 m 以上 かつ	100,000 m² 以上	●
29	和歌山	和歌山県								○
30	兵庫	兵庫県	○				○	60 m 以上 かつ	100,000 m² 以上	○
		神戸市								○
31	岡山	岡山県								○
32	鳥取	鳥取県								○
33	広島	広島県	○					100 m 以上 かつ	100,000 m² 以上	○
		広島市								○
34	島根	島根県								○
35	山口	山口県								○
36	香川	香川県								○
37	徳島	徳島県								○
38	愛媛	愛媛県								○
39	高知	高知県								○
40	福岡	福岡県								○
		北九州市	○					100 m 以上 又は	100,000 m² 以上	○
41	佐賀	佐賀県								○
42	長崎	長崎県								○
43	大分	大分県								○
44	熊本	熊本県								○
45	宮崎	宮崎県								○
46	鹿児島	鹿児島県								○
47	沖縄	沖縄県								○

注1) 事業対象建物高さが 50 m 以上 100 m 未満については、市長が判断し環境影響の程度が著しいものとなる恐れがあると認める時に環境影響評価及び事後調査などを行う必要がある。
注2) 事業対象建物高さが 75 m 以上 100 m 未満については、市長が判断し環境影響の程度が著しいものとなる恐れがあると認める時は環境影響評価及び事後調査などを行う必要がある。
注3) 環境影響評価条例の示されているものは丸印 (○、●)、中高層建築物の建設に係る紛争の防止と調整に関する条例の示されているものは三角印 (△、▲)、それぞれの白抜き (○、△) は Word 文章、黒塗り (●、▲) は PDF 書式である。ファイル型式は 2 種類あり、

■資料 2　評価指標

　ビル風の評価は，風の発生する割合を用いて確率的に行われる。わが国では風工学研究所の提案する方法および村上氏らの提案する方法が用いられている。他にも気温などを考慮した評価方法が提案されているが，一般性や予測精度の問題などから実場面ではほとんど利用されない。海外でも同様の評価方法が提案されており，多くは評価指標に最大瞬間風速の発生頻度を用いている。これらについては文献[*1]に整理されているので参考にされたい。ただし，気候，国民性などによる差があるため直接的に利用する場合は注意を要する。

*1　西村宏昭：風環境評価尺度，日本風工学会誌，第30巻，第3号，pp. 314-320，2005年7月

■資料3　判　例

　最近では風害裁判が新聞を賑わすようになったが，少し前まで風害は，日照など他の住環境の侵害に関する紛争に付随するケースが多く，主たる紛争対象になることはなかった。しかし，近年の高層，超高層建物の建設ラッシュは著しく，以前は建設されることのなかった地方，地域にさえ高層の建物が建設されるようになり，それに伴いビル風による風害が紛争の主な対象となる裁判事例が増え始めている。

　風害が紛争の主対象となった事例は，1974年12月20日に却下の決定が下された大阪地方裁判所における仮処分申請[*1]が最初である。この事例は，付近の住民が風害を理由に高さ31mの高層マンションの10mを超える部分について建築工事禁止を求めた仮処分申請であるが，一般的な風洞実験の測定結果などを理由に風速の増加があったとしても，風害の危険性はないと判断された。また，建物による風害の発生を理由に損害賠償を求めた裁判としては，1982年9月24日大阪地方裁判所で棄却の判決が下された事例[*2]が最初である。本事例は，14階建ての高層分譲住宅およびブロック塀による風害を理由として，近隣建物所有者が損害賠償および塀の撤去を求めたものであったが，建設に際して行われた風洞実験結果によると建設前後で周辺地域の風環境の変化はごくわずかしか認められないことから，風害が発生する危険性は認められないと判断された。

　最高裁判所まで争われた事例としては，新築ビルに隣接する家屋の所有者がビル風による被害発生を防止するために施した屋根瓦の補強工事の費用と日照，通風阻害による精神的苦痛を理由とする慰謝料を求めた裁判がある。この事例では，一・二審判決で，原告の各請求の一部を認めたが，1984年12月21日最高裁判所で破棄，高等裁判所に差し戻しの判決[*3]が下された。原審で屋根瓦の工事費用の一部が損害として認められたが，最高裁判所の判決では，ビル風による被害が発生していないのに防止のための工事を行ったとしても，特段の事情のない限り，その

費用は認められないと，発生前の被害補償は難しいとの判断が示された。これについて判例時報1145号47頁に次のような記述がある。「いまだに被害が現実に発生していない場合において，予防のための工事を施さざるをえない特段の事情とはどのような場合をいうのか，予想することは容易ではないが，近い将来被害が発生することおよび現在予防工事をしておかないと工事費用に比較して被害が著しく過大なものになることが，高度の蓋然性（何事かが起こり得る確実性の度合）をもって具体的に予見されるような場合がこれにあたるといえようか。」

生活環境の侵害を理由とする紛争においては，しばしば受忍限度論が判断の基準となるが，風害においても受忍限度論により判断が行われるケースが増えている。2003年8月28日に広島地方裁判所で一部認容の判決が下された事例[*4]では，高層マンションの建築により日照阻害や風害等を被ったとして，近隣住民および不動産所有者から，不動産価値の低下等による損害賠償の請求および住環境を侵害されたことにより被った精神的苦痛に対する慰謝料の請求がされた。この事例では，日照阻害に並び風害が焦点となったが，風害については，マンション建設後は頻繁に洗濯物が吹き飛ばされるようになるなど，マンション建設前には見られなかった風害による物理的な被害が発生しているとして，近隣住民宅付近の風環境が受忍限度を超えて悪化したことが認められ，日照阻害等と合わせて慰謝料の請求が容認された。

最近では，より客観的な基準を用いて受忍限度を判断する判決が出ている。大阪府堺市に建設されたマンションによりビル風による風害が発生し，近隣住民が，精神的苦痛を被ったほか，住居およびその土地が無価値になったとして，損害賠償を請求した事例である。2001年10月30日大阪地方裁判所の判決では，風害による精神的苦痛に対する慰謝料および弁護士費用が認められたが[*5]，2003年10月28日大阪高等裁判所の判決では，さらに風害による不動産価値の下落も認められた[*6]。本事例では，マンション建設に際し，強風が予測される住民宅近くおよびマンション建設の影響を受けない場所の2地点で，計4年間の風観測が行われた。裁判では，この観測結果を風環境評価指標に当てはめて受忍限

度の判断が行われている。用いられたのは，村上らの提案する風環境評価指標（以後，村上評価と称す）および風工学研究所による風環境評価指標（以後，風工学評価と称す）である。住民宅近くの観測点の風環境評価は，村上評価では，建設前はランク2であったが，建設後はランク4が示された。また，風工学評価では，建設前は領域Bであったが，建設後は領域C（かなり領域Dに近い）が示された。一方，マンション建設の影響を受けない観測点の風環境評価は，建設前後ともに，村上評価はランク2，風工学評価は領域Bが示され，観測結果に年による変動がないことも示された。この事例で注目すべきは，村上評価におけるランク4および風工学評価における領域Dが示される風環境は，受忍限度を超えるものと判断されたことである。また，風工学評価が領域Dに近い領域Cであったが，判決ではそのことにふれ，「風工学研究所基準においても領域Dに近接した領域Cと認定されており，人が生活する上で好ましくない風環境となったことは明らかである。」として，領域Cであっても，住宅地には適さない可能性があることが示唆されている。

[1] 判例時報 773 号, p 113, 1975 年
[2] 判例時報 1063 号, p 191, 1983 年
[3] 判例時報 1145 号, p 46, 1985 年
[4] 判例タイムズ No. 1160, p 158, 2004 年
[5] 判例時報 1802 号, p 95, 2003 年, 判例タイムズ No. 1113, p 178, 2003 年
[6] 判例時報 1856 号, p 108, 2004 年

■資料4　気象資料

　風害の評価に用いられる気象資料は比較的新しい時期の3～10年間程度が用いられる。最も代表的なものとして気象台の記録があげられるが，できるだけ計画地の近くの記録を用いることが望まれる。比較的新しい記録を用いるのは，風環境の評価はさほど長い期間を対象としたものでないこと，および内陸の風は都市化が進む影響で特性が変わる可能性があることからである。気象台の記録に変わるものとして都道府県や市町村で環境保全の目的で観測されているもの（以下，環境保全局のデータと称す）があげられる。その他，消防署や学校等での記録のある場合もあるが，いずれの場合にも利用に際し，風向風速計近くの建物などの障害物に直接的に影響されていないことを確認する必要がある。また，海岸近くの地域での気象データの選択には注意を要する。要するに，海岸近くの風は都心域より強いので，都心域で観測された記録を海岸近くの地域で利用する場合に注意が必要であるということである。このような場合の考え方について，本編2．3項に示してある。

　以下に，気象台および環境保全局における風向風速データについて示す。

4．1　気象庁による地上気象観測資料

　気象庁では，気象台および地域気象観測システム（AMeDAS：アメダス）などで地上気象観測を行っている。気象台および測候所は，全国に162箇所（各都道府県に最低1箇所）あり，アメダスは全国に約1,300箇所（風観測を行っているのは約840箇所）ある。これらのデータは気象業務支援センターなどの機関を通じて入手することができる。ただし，いずれも風速計の近くに大きな建物などの障害物がある場合もあり，データの利用に際し現地を見るなどの慎重さが必要である。特に，アメダスの観測は観測高さが低いので注意を要する。

　以下に入手可能な主なデータ名称および内容を示す。表-資4.1に全

国の気象台における風向出現頻度およびワイブル係数を示す。なお，同表の観測高さは気象年報[*1]によった。風向出現頻度およびワイブル係数は今回新たに解析をしたものである。

(1) 地上気象観測時・日別（SDP）データ
10分間平均風速および風向，日最大風速および風向，日最大瞬間風速および風向
(2) 地上気象観測原簿データ（時・日別値原簿）
1時間平均風速および風向，日最大風速および風向，日最大瞬間風速および風向
(3) アメダス10分値データ
10分間平均風速および風向

4.2　大気汚染常時監視測定局

都道府県などでは大気汚染状況の監視のため，風を含む様々な観測を行っている。観測データは，環境省が統括しており，独立行政法人国立環境研究所が運用するデータ公開サーバー「そらまめ君ホームページ」(http://w-soramame.nies.go.jp/) で閲覧できる。これらについても風速計の近くに大きな建物などの障害物がある場合もあり，データの利用に際しての注意が必要である。

表-資4.2には，以上のうち，過去解析したことのある地点に限定されるが解析結果を示す。なお，解析の条件は気象台と同様である。

[*1] 気象庁年報2003年：気象庁編集，（財）気象業務支援センター発行，平成16年7月

表-資 4.1 全国気象官署の風向出現頻度およびワイブルパラメータ

地点名	ワイブル係数	NNE	NE	ENE	E	ESE	SE	SSE	S	SSW	SW	WSW	W	WNW	NW	NNW	N
札 幌 59.5 (17.2) 0.94	出現頻度 C K	1.5 1.72 1.78	1.4 1.74 1.90	1.5 1.95 1.89	2.9 2.51 1.74	8.7 3.38 1.95	18.5 4.09 1.79	13.3 4.66 1.36	4.9 3.07 1.16	2.3 2.69 1.21	2.0 2.62 1.14	2.6 2.92 1.47	4.4 3.34 1.71	6.3 4.28 1.68	14.6 5.73 1.92	10.9 4.84 1.91	4.1 2.80 1.66
稚 内 23.4 (2.8) 0.64	出現頻度 C K	3.0 5.13 1.84	4.3 5.65 1.79	6.8 5.66 2.03	7.8 5.45 2.20	5.6 4.47 1.83	2.7 2.53 1.95	3.4 2.63 2.10	5.8 3.06 2.02	10.2 4.80 1.87	9.4 5.94 2.06	9.5 6.01 2.44	12.6 5.05 2.60	3.9 3.59 2.56	3.4 3.72 2.45	5.3 6.33 2.05	5.8 6.87 1.89
旭 川 14.6 (111.9) 0.64	出現頻度 C K	3.9 1.36 1.75	2.7 1.03 1.91	2.5 0.89 2.22	3.5 0.97 2.37	3.1 1.25 1.87	5.5 1.87 1.73	10.7 2.43 1.86	6.8 1.96 2.00	4.4 2.20 1.88	3.2 2.37 1.89	6.7 2.97 2.25	9.1 2.83 2.27	10.9 2.30 2.04	9.9 1.57 2.01	8.7 1.78 1.95	4.5 1.50 1.92
網 走 15.6 (37.6) 0.88	出現頻度 C K	3.7 2.59 1.99	2.5 2.24 2.04	2.9 2.30 2.20	3.5 2.28 2.38	3.4 2.47 2.01	5.5 2.71 2.04	8.3 3.19 2.16	8.8 3.71 2.16	7.2 3.95 2.10	10.0 3.86 2.34	7.5 2.89 2.37	7.0 3.30 2.08	5.5 4.22 1.80	7.1 5.00 1.74	7.9 5.09 1.80	8.6 4.15 1.86
釧 路 65.9 (4.5) 0.25	出現頻度 C K	14.3 5.61 2.22	13.8 4.86 2.33	4.2 3.51 2.08	2.1 3.13 1.63	1.7 4.27 1.41	3.4 4.36 1.63	7.6 4.79 2.13	10.9 4.99 2.27	7.3 5.93 1.78	6.7 6.07 1.80	4.3 5.59 1.69	8.3 8.80 1.65	3.9 5.66 1.79	2.8 4.88 1.62	3.1 5.40 1.55	5.6 5.45 1.73
室 蘭 18.2 (39.9) 0.38	出現頻度 C K	2.5 2.68 2.34	5.5 4.39 2.25	13.3 4.95 2.80	6.3 3.93 2.61	5.7 4.85 2.25	3.3 3.44 2.30	2.5 3.63 1.80	3.2 3.39 1.95	3.1 3.53 1.75	1.9 3.64 1.56	2.3 4.40 1.54	6.2 6.52 1.72	17.8 7.57 2.40	18.0 5.25 2.78	6.0 3.90 2.64	2.2 2.55 2.46

地点		出現頻度	C	K															
青森	30.4 (2.8) 1.68	出現頻度	3.9	3.8	3.9	5.1	1.4	1.3	2.2	4.8	10.5	18.1	12.8	10.4	7.3	4.2	4.4	4.6
		C	3.28	3.63	4.81	5.22	2.76	1.93	1.80	2.00	2.82	4.22	4.98	6.03	6.05	3.99	3.18	3.18
		K	2.02	1.77	1.70	1.78	1.47	1.54	1.93	2.19	1.97	1.98	1.92	1.88	1.89	1.71	1.91	2.10
秋田	39.9 (6.3) 0.82	出現頻度	2.8	1.3	1.5	3.2	13.5	22.5	2.7	1.4	2.8	4.7	5.3	8.4	8.7	7.6	6.6	6.2
		C	2.44	1.65	1.84	2.37	4.04	4.10	2.66	2.47	4.86	5.94	6.12	7.11	7.51	6.48	4.73	3.91
		K	2.30	2.26	2.12	2.23	2.18	2.54	2.17	2.00	1.82	2.16	2.14	2.24	2.27	2.33	2.39	2.29
盛岡	15.2 (154.7) 1.84	出現頻度	6.4	2.6	1.6	2.0	3.5	8.9	14.2	17.8	5.3	3.5	5.3	7.4	4.8	2.3	3.7	9.8
		C	2.50	1.44	1.22	1.34	1.69	2.15	3.43	3.98	2.82	3.03	4.28	4.84	4.75	2.84	2.45	3.62
		K	1.76	2.14	2.09	2.14	2.28	2.54	2.13	2.19	1.95	1.80	1.98	2.14	1.81	1.57	1.75	1.65
仙台	52.0 (38.9) 2.01	出現頻度	3.9	2.7	1.7	2.2	4.9	10.7	8.6	6.4	3.7	3.1	3.1	6.6	9.6	9.6	12.8	9.1
		C	2.63	2.12	1.88	1.75	2.22	3.56	3.65	3.19	2.70	2.51	3.27	4.65	5.50	4.24	3.56	3.70
		K	1.80	1.80	1.67	1.55	1.82	2.03	1.89	1.91	1.83	1.89	1.64	1.64	1.68	1.76	2.14	1.92
山形	13.8 (152.5) 7.51	出現頻度	8.5	4.5	2.8	3.8	5.6	5.1	5.1	7.8	10.6	6.3	2.8	3.0	5.3	6.6	8.6	9.1
		C	1.59	1.20	0.97	1.25	2.69	1.51	1.51	2.27	2.88	2.78	2.10	1.56	1.73	1.61	1.61	1.53
		K	1.93	1.90	1.93	1.47	1.23	1.83	1.92	1.68	1.85	1.70	1.48	1.62	1.50	1.59	1.86	2.01
福島	26.0 (67.4) 5.24	出現頻度	7.7	12.1	6.1	3.3	2.6	3.8	5.9	6.9	4.8	4.4	4.7	8.9	10.5	8.5	3.5	3.0
		C	2.50	2.77	1.82	1.28	1.20	1.41	2.18	2.80	2.05	1.82	1.95	3.13	4.14	4.13	2.53	1.92
		K	1.94	1.99	1.87	1.90	1.83	1.75	1.49	1.49	1.65	1.72	1.66	1.45	1.63	1.67	1.53	1.74
宇都宮	49.2 (119.4) 0.98	出現頻度	17.2	8.6	4.8	4.8	5.6	6.8	7.3	7.3	6.0	4.0	2.5	2.2	2.2	2.7	4.7	12.8
		C	3.72	3.06	2.55	2.71	2.99	3.04	3.32	3.30	3.37	2.96	2.85	3.16	2.99	2.38	2.88	3.40
		K	2.13	2.03	1.99	2.03	1.98	2.09	2.10	2.00	1.90	1.82	1.57	1.35	1.39	1.73	1.82	2.04

地点名	ワイブル係数	NNE	NE	ENE	E	ESE	SE	SSE	S	SSW	SW	WSW	W	WNW	NW	NNW	N
前 橋 17.3 (112.1) 0.74	出現頻度 C K	0.9 1.86 1.84	0.6 1.40 2.12	1.1 1.53 2.49	4.0 2.42 2.59	12.7 3.39 2.68	7.9 2.90 2.48	3.1 2.31 2.30	2.2 1.84 2.42	2.0 1.47 2.52	1.7 1.48 2.26	2.2 1.98 1.84	3.0 2.42 1.78	6.4 2.87 2.07	22.3 3.60 2.35	24.3 3.81 2.29	5.3 3.75 1.88
水 戸 14 (29.3) 1.41	出現頻度 C K	5.9 2.28 1.66	7.0 3.52 1.74	10.1 3.47 2.08	9.4 2.92 2.26	3.5 2.59 2.27	3.1 3.07 2.25	1.4 2.56 2.06	2.6 2.43 2.47	5.0 2.80 2.25	4.4 2.80 2.14	2.9 2.38 2.11	3.0 2.54 1.74	3.1 2.13 1.72	8.2 1.80 2.26	15.5 1.67 2.56	14.0 1.98 2.02
熊 谷 16.8 (30) 1.66	出現頻度 C K	2.0 1.45 1.84	3.3 1.79 1.90	6.0 2.32 2.12	8.9 2.41 2.28	7.7 2.74 2.29	7.3 3.07 2.46	6.2 3.07 2.33	2.6 2.22 1.92	1.5 1.65 1.88	1.7 1.43 2.06	2.2 1.60 1.89	6.5 2.20 1.65	17.4 3.21 1.74	16.9 3.30 1.55	7.2 2.90 1.19	2.7 1.63 1.39
東 京 74.5 (6.1) 0.11	出現頻度 C K	7.0 3.34 2.61	6.7 3.52 2.53	7.0 3.60 2.55	4.6 3.28 2.50	3.9 3.02 2.46	2.9 2.64 2.71	2.3 2.48 2.92	6.6 3.67 2.91	5.0 3.85 2.50	11.0 4.39 2.37	2.4 2.39 2.35	1.5 1.92 2.23	1.7 2.48 1.88	4.8 3.82 1.91	20.6 4.06 2.51	12.0 3.58 2.57
銚 子 28.2 (20.1) 0.24	出現頻度 C K	15.2 8.02 2.26	12.2 6.61 2.37	6.3 5.31 2.44	3.5 4.53 2.30	2.9 4.40 2.29	3.2 4.62 2.40	3.4 5.32 2.30	4.6 6.15 2.37	12.3 7.96 2.76	5.2 6.24 2.44	2.7 4.95 1.94	5.9 4.23 2.31	6.7 5.57 2.01	4.2 5.73 1.80	4.6 6.21 1.74	7.1 6.94 1.87
横 浜 19.5 (39.1) 0.29	出現頻度 C K	9.2 3.17 2.73	3.7 2.35 2.89	4.1 2.92 2.55	8.1 3.43 2.84	5.2 2.86 3.00	3.5 2.75 2.64	3.6 3.65 2.10	5.3 3.96 2.37	7.0 4.91 2.20	10.0 5.48 2.28	3.9 4.56 1.94	1.5 2.83 2.04	0.9 2.72 2.00	1.0 2.75 1.85	5.3 3.70 2.49	27.6 4.44 2.57
長 野 19.0 (418.2) 2.65	出現頻度 C K	6.2 2.96 1.65	6.6 2.48 1.73	10.5 2.79 1.72	11.8 2.64 1.76	5.0 1.68 2.00	3.0 1.35 2.31	1.7 1.20 2.20	1.6 1.21 2.23	2.5 1.58 1.97	6.3 2.65 1.70	11.4 3.90 1.58	10.8 3.12 1.51	7.4 2.55 1.39	3.1 1.43 1.53	3.4 2.90 1.14	7.1 3.69 1.57

地点																	
甲府 26.9 (272.8) 3.14	出現頻度	3.3	3.5	2.3	2.9	3.9	5.1	6.1	6.3	6.6	12.2	7.4	7.8	10.3	9.7	7.1	3.9
	C	1.37	1.37	1.38	1.94	1.98	1.64	1.55	1.52	2.01	3.21	1.78	1.74	2.32	3.23	4.71	2.61
	K	1.98	2.21	1.95	1.58	1.74	2.09	2.26	2.19	1.57	1.45	2.01	2.04	1.78	1.45	1.17	1.14
静岡 16.3 (14.1) 1.62	出現頻度	7.5	11.2	7.8	2.5	2.0	2.4	3.5	8.7	4.8	7.5	5.7	4.8	8.1	8.7	7.6	6.5
	C	1.87	2.84	3.47	2.52	2.29	2.19	2.37	2.79	2.39	3.75	3.62	2.74	1.70	1.36	1.47	1.45
	K	2.09	2.14	2.06	1.77	1.95	2.32	2.39	2.58	2.14	1.95	1.82	1.38	1.99	2.43	2.30	2.28
名古屋 17.9 (51.1) 0.80	出現頻度	5.1	3.2	2.6	1.6	2.6	6.5	8.6	4.5	2.3	1.8	1.6	2.2	9.4	15.7	19.2	12.6
	C	1.98	1.73	1.73	1.46	2.11	3.16	4.00	3.46	2.66	2.57	2.53	3.21	4.79	4.44	3.31	2.53
	K	2.53	2.45	2.41	2.17	1.98	2.08	2.12	2.13	2.22	2.12	1.95	1.71	2.11	2.04	2.27	2.51
岐阜 22.8 (12.7) 1.71	出現頻度	3.8	4.4	3.8	2.7	2.5	3.1	3.1	4.9	5.8	4.6	6.5	11.0	13.9	14.8	8.9	5.4
	C	1.44	1.62	1.89	2.05	2.49	2.87	2.79	3.22	3.04	2.45	3.10	3.20	3.49	3.40	2.58	1.76
	K	2.28	2.42	2.33	1.96	1.71	1.58	1.61	1.74	1.93	1.89	1.79	1.93	1.81	1.72	1.69	1.99
津 39.6 (2.7) 0.68	出現頻度	1.7	1.5	1.7	5.1	7.6	7.2	3.6	2.0	1.3	2.7	7.2	11.9	13.9	20.7	8.8	3.0
	C	2.21	2.28	2.73	3.74	5.87	5.78	4.26	3.07	1.85	1.99	2.78	4.45	5.03	6.13	4.08	2.56
	K	1.87	1.84	1.79	1.97	1.84	1.97	1.80	1.61	1.71	2.16	2.15	1.67	1.81	1.86	1.74	2.05
新潟 15 (1.9) 0.26	出現頻度	9.4	4.3	1.2	1.6	1.9	7.0	10.1	11.8	10.4	5.4	6.5	7.7	6.5	6.4	5.1	4.8
	C	3.95	3.37	2.19	2.11	2.25	3.58	2.80	2.58	2.99	4.17	5.92	6.48	6.38	5.68	5.00	4.07
	K	2.69	2.42	2.27	2.57	1.77	1.79	2.35	3.09	3.11	2.23	2.08	2.21	2.24	2.36	2.55	2.59
富山 20.0 (8.6) 1.01	出現頻度	11.1	4.6	2.1	1.8	1.2	1.3	2.2	8.3	16.7	17.8	8.1	7.2	5.3	3.0	3.6	5.2
	C	3.71	3.57	2.40	1.96	1.76	1.90	2.82	4.26	3.28	2.71	2.92	3.85	3.72	2.36	2.51	2.73
	K	2.45	1.85	1.85	2.09	2.04	1.84	1.60	1.66	2.37	2.85	1.97	1.74	1.77	1.90	2.02	2.14

資料編　113

地点名	ワイブル係数		NNE	NE	ENE	E	ESE	SE	SSE	S	SSW	SW	WSW	W	WNW	NW	NNW	N
金 沢 48.4 (5.7) 0.36	出現頻度		3.5	6.3	12.9	12.8	5.0	5.0	5.7	3.7	8.2	10.1	7.1	4.8	3.3	3.9	3.3	4.4
	C		4.34	4.03	4.44	3.58	2.25	2.25	2.72	2.85	5.82	5.74	5.76	6.34	5.97	5.34	4.83	4.87
	K		1.95	2.31	2.22	2.08	2.49	2.51	2.39	2.23	1.98	2.07	2.07	1.86	1.82	1.98	2.08	2.05
福 井 26.1 (8.8) 1.10	出現頻度		2.8	1.1	0.8	0.9	2.3	5.4	12.0	16.1	14.2	8.2	4.5	2.6	2.5	4.9	10.9	10.3
	C		2.93	1.77	1.56	1.59	2.46	2.97	3.28	2.64	2.55	2.34	2.99	3.05	2.79	3.50	4.30	4.26
	K		1.86	1.94	2.08	2.06	1.80	1.83	1.85	2.38	2.61	2.19	1.77	1.61	1.80	2.17	2.61	2.31
彦 根 17.4 (87.3) 2.59	出現頻度		3.2	3.1	2.2	2.2	4.3	11.5	10.8	4.5	2.6	1.8	1.4	3.1	11.3	17.7	12.1	6.7
	C		2.14	1.78	1.32	1.41	2.00	2.10	1.95	1.92	2.25	2.17	2.17	2.71	3.93	4.52	4.23	3.37
	K		1.99	2.04	2.18	1.84	1.60	1.81	2.27	1.98	1.58	1.41	1.49	1.65	1.85	1.92	1.95	1.99
京 都 16.1 (41.4) 4.09	出現頻度		10.6	7.8	5.5	4.0	2.3	2.3	3.3	5.0	5.9	4.7	5.1	5.4	7.5	6.3	8.8	11.7
	C		1.51	1.60	2.21	2.48	2.03	1.72	1.80	2.18	2.30	1.90	1.95	1.85	1.71	1.68	2.20	1.98
	K		2.29	2.00	1.81	1.70	1.53	1.64	1.90	1.93	1.87	1.89	2.00	1.96	2.06	1.89	1.81	1.82
大 阪 22.9 (23.0) 1.19	出現頻度		12.4	13.3	3.8	1.5	0.9	1.4	1.7	1.3	1.9	7.0	10.8	12.8	5.9	6.1	7.8	11.3
	C		2.24	2.73	2.12	1.72	1.34	1.64	1.90	2.01	3.13	4.03	4.09	4.07	2.99	2.51	2.09	2.06
	K		2.31	1.89	1.24	1.03	1.18	1.41	1.74	1.58	1.60	2.51	2.63	2.37	1.99	1.93	1.90	2.11
奈 良 11.2 (104.4) 6.53	出現頻度		12.5	11.1	4.6	2.0	1.7	2.2	4.3	8.1	5.4	4.9	4.1	3.3	3.5	5.0	10.9	12.2
	C		1.45	1.58	1.37	0.99	0.99	1.00	1.51	2.14	1.72	1.86	1.93	1.90	1.73	1.43	1.66	1.34
	K		2.20	1.87	1.53	1.88	1.88	1.98	1.80	1.95	1.98	2.07	1.98	1.87	1.89	1.96	2.01	2.48
和歌山 38.8 (13.9) 0.51	出現頻度		8.6	9.8	19.4	6.5	1.9	1.0	1.6	5.0	4.5	3.1	6.7	3.0	3.8	7.4	7.6	9.7
	C		4.33	3.09	3.48	2.69	2.15	2.52	4.70	6.43	6.77	5.27	4.52	4.86	6.98	5.28	4.15	4.46
	K		1.99	2.43	2.99	2.70	2.47	1.66	1.67	2.07	1.95	2.02	2.78	1.79	1.80	2.25	2.30	2.19

資料編　115

地点		1	2	3	4	5	6	7	8	9	10	11	12	13	14	15	16
岡　山 70.8 (2.8) 1.33	出現頻度	7.6	10.0	9.3	6.1	4.9	4.1	2.0	2.3	2.9	5.8	6.6	8.2	5.8	5.7	7.9	10.0
	C	2.17	2.20	3.03	3.60	3.69	3.59	2.73	2.93	3.28	4.75	4.25	4.77	4.17	3.54	3.39	3.06
	K	2.00	2.28	1.98	1.77	1.85	2.02	1.88	1.89	1.80	1.76	1.91	1.71	1.53	1.56	1.63	1.74
広　島 95.4 (3.6) 0.85	出現頻度	28.0	3.2	1.2	1.0	0.9	0.8	1.2	4.9	2.9	10.4	2.9	2.9	2.3	1.9	3.7	24.8
	C	4.86	3.05	2.46	2.48	2.34	2.30	2.97	4.33	4.29	4.01	3.03	3.48	3.41	2.78	3.36	4.57
	K	2.47	1.73	1.63	1.45	1.58	1.67	1.75	2.18	2.44	2.61	1.95	1.52	1.32	1.43	1.50	2.29
松　江 26.7 (16.9) 6.13	出現頻度	2.5	5.9	9.0	13.5	8.7	3.5	1.5	1.7	2.7	3.7	9.7	17.0	6.9	1.9	3.7	1.8
	C	2.37	3.24	3.42	3.28	2.73	2.04	1.52	1.72	2.94	3.02	4.76	6.02	4.13	2.78	3.36	2.26
	K	1.29	1.29	1.43	1.69	1.85	1.61	1.49	1.57	1.42	1.61	1.62	1.63	1.53	1.45	1.32	1.30
鳥　取 33.0 (7.1) 1.19	出現頻度	3.9	2.5	1.8	4.7	24.3	13.7	5.5	6.9	3.1	1.7	2.6	3.7	3.9	4.7	2.4	5.9
	C	3.51	2.84	2.26	1.94	2.54	2.52	3.52	5.12	3.71	2.71	3.83	4.23	4.46	3.81	3.9	4.12
	K	1.97	1.76	1.74	2.47	3.14	2.56	1.77	1.82	1.82	1.88	1.69	1.72	1.81	2.12	2.32	2.07
徳　島 17.4 (1.6) 2.25	出現頻度	3.0	2.3	2.7	3.0	3.6	6.4	8.6	3.7	2.3	2.8	3.2	4.3	20.6	15.8	10.1	5.8
	C	2.95	2.48	2.64	2.85	3.40	4.34	5.30	3.63	1.62	1.17	1.25	2.75	3.93	3.34	3.45	3.17
	K	2.07	2.01	2.24	2.38	2.25	2.10	2.01	1.57	1.85	2.58	2.29	1.37	2.26	2.24	2.15	2.16
高　松 16.6 (8.7) 3.22	出現頻度	3.9	3.6	6.8	6.1	5.7	3.4	3.6	3.6	6.0	10.3	11.7	9.9	5.3	4.4	6.8	6.7
	C	2.13	2.13	3.24	2.94	2.69	1.64	1.28	1.24	1.50	2.08	3.50	4.71	4.13	3.17	2.74	2.56
	K	2.14	2.02	1.99	1.87	1.68	1.87	2.50	2.41	2.44	2.22	1.84	1.99	1.93	1.93	2.33	2.48
松　山 20.4 (32.2) 3.07	出現頻度	3.0	2.6	4.1	11.3	11.2	9.3	6.6	3.5	2.7	2.9	4.3	9.1	11.1	8.2	4.6	3.6
	C	2.35	2.15	1.72	1.68	1.69	1.60	1.70	1.92	2.11	2.37	2.79	3.15	2.89	2.57	2.38	2.27
	K	1.54	1.50	1.80	2.48	2.33	2.39	2.20	1.91	2.00	2.26	2.35	2.34	2.28	2.31	1.97	1.84

地点名	ワイブル係数	NNE	NE	ENE	E	ESE	SE	SSE	S	SSW	SW	WSW	W	WNW	NW	NNW	N
高知 15.3 (0.5) 2.44	出現頻度 C K	3.6 2.34 1.56	2.6 1.78 1.75	4.2 1.72 1.97	5.0 1.81 2.10	4.1 2.42 1.81	6.6 2.73 2.51	4.8 2.52 2.57	3.9 2.46 2.31	2.6 2.17 2.02	2.2 1.82 2.04	5.0 2.14 1.98	24.0 2.14 2.70	15.6 1.89 2.82	7.0 1.60 2.29	3.9 1.66 1.75	3.4 2.06 1.49
下関 14.4 (3.3) 1.21	出現頻度 C K	3.3 3.10 1.51	3.2 2.80 1.51	5.4 2.40 2.10	20.6 2.19 2.59	17.5 2.72 1.99	1.2 1.60 1.38	0.5 1.39 1.23	1.0 1.96 1.30	2.8 3.06 1.47	4.3 3.64 1.75	5.3 4.89 1.83	8.3 5.98 1.86	9.8 5.43 2.08	9.7 5.11 2.09	4.1 3.95 1.72	3.0 3.09 1.64
福岡 24.4 (2.5) 2.36	出現頻度 C K	4.6 3.37 1.70	2.2 2.73 1.60	1.5 2.36 1.53	2.0 2.04 1.82	3.9 1.97 1.95	16.2 2.25 2.06	8.7 2.03 1.71	5.0 2.17 1.45	5.6 2.23 1.60	4.7 1.77 2.09	2.8 2.49 1.81	4.5 3.51 1.94	5.2 4.02 1.96	4.5 3.41 1.73	12.9 4.25 2.15	14.5 4.66 2.03
大分 19.7 (4.6) 1.52	出現頻度 C K	7.8 2.89 2.56	3.8 2.89 1.79	3.4 2.95 1.78	2.1 2.17 1.61	1.5 2.07 1.38	2.6 2.31 1.50	8.3 2.62 2.04	18.4 2.35 2.76	9.1 2.14 2.54	4.7 2.35 1.97	3.3 3.08 1.87	3.5 4.38 1.73	3.4 3.49 1.78	8.0 3.74 2.21	11.7 3.59 2.43	7.7 2.81 2.60
佐賀 56.1 (5.5) 1.78	出現頻度 C K	7.4 2.74 1.66	106.8 3.66 1.60	10.1 4.00 1.59	4.5 2.48 1.73	2.1 1.89 1.73	1.8 1.92 1.59	3.1 2.98 1.55	6.6 4.36 1.86	5.1 3.86 1.81	4.1 3.58 1.72	4.1 3.61 1.76	6.2 4.31 1.72	4.8 3.51 1.56	7.3 2.98 1.75	11.8 3.25 1.75	9.2 3.29 1.53
熊本 23.7 (37.7) 2.65	出現頻度 C K	10.1 1.98 1.70	5.3 1.94 1.12	2.4 1.84 0.84	2.2 2.12 0.75	2.0 2.16 0.86	1.9 1.62 1.43	1.9 1.70 1.47	3.1 2.12 1.66	6.2 2.83 1.77	11.6 3.12 2.03	7.2 3.01 1.63	4.2 2.24 1.15	4.6 2.66 1.23	9.3 3.08 1.53	14.6 3.03 1.73	13.4 2.29 1.78
宮崎 25.5 (9.2) 1.04	出現頻度 C K	4.8 3.38 1.66	6.0 4.17 1.96	5.2 4.24 2.17	7.5 4.02 2.38	4.6 4.15 2.20	2.6 3.74 1.86	0.9 2.68 1.37	0.8 2.57 1.27	1.0 2.32 1.38	3.8 4.21 1.65	11.3 5.20 1.95	19.3 3.80 1.58	26.7 2.92 2.49	2.6 1.55 1.58	1.2 1.28 1.44	1.9 1.77 1.79

資料編　117

	出現頻度																
鹿児島		8.6	6.7	1.8	2.4	2.6	4.6	5.7	4.9	2.0	1.8	2.7	4.6	7.0	11.6	21.3	11.1
44.8	C	3.68	3.93	2.93	3.69	3.10	3.97	3.83	3.26	3.00	3.58	4.22	4.37	4.65	4.06	3.0	3.19
(3.9)	K	2.32	2.03	1.61	1.52	1.76	1.71	1.90	2.07	1.67	1.60	1.71	1.99	2.13	2.22	2.72	2.62
0.95																	
那 覇	出現頻度	14.7	8.7	6.2	8.1	8.9	8.9	5.6	5.6	5.7	3.5	2.3	1.5	1.4	1.9	5.1	11.9
47.7	C	5.61	4.40	5.61	5.73	5.33	5.44	5.50	6.16	6.92	6.25	5.31	4.68	5.59	5.52	7.11	7.25
(28.1)	K	2.67	2.72	2.10	2.30	2.26	2.16	2.17	2.25	2.64	2.50	2.27	2.08	1.98	2.33	2.44	2.76
0.28																	
宮古島	出現頻度	15.1	15.0	10.4	7.4	5.7	6.2	5.9	9.6	7.5	3.2	1.3	1.0	0.8	1.0	2.1	7.7
13.5	C	6.16	5.97	4.90	3.93	3.44	3.78	4.07	4.95	5.27	4.88	4.42	4.14	4.35	4.37	4.61	6.50
(39.9)	K	2.88	2.63	2.56	2.30	2.38	2.35	2.41	2.58	2.80	2.29	1.90	1.60	1.64	1.73	2.23	2.51
0.37																	
石垣島	出現頻度	19.1	13.8	8.8	6.7	6.8	7.5	6.5	9.4	7.4	1.8	0.7	0.5	0.7	1.5	2.0	6.9
22.2	C	4.97	4.59	4.86	5.44	4.93	5.02	5.29	5.24	5.57	5.42	4.41	4.69	6.35	5.75	5.16	5.17
(5.7)	K	2.63	2.47	2.60	2.85	2.94	2.62	2.55	2.87	2.58	2.04	1.63	1.31	1.52	1.70	1.64	2.14
0.33																	

＊ 地点名の下段は，上から地上高（m），海抜高（m），静穏（CALM）の頻度である。

札幌　2002年1月～2004年12月
旭川　1995年1月～2003年12月
釧路・宮崎　2001年1月～2004年12月
盛岡・大阪・熊本　2000年1月～2004年12月
新潟　1995年1月～2001年12月
岡山・下関　1997年1月～2004年1月
佐賀　1996年1月～2004年12月
石垣島　1995年1月～2002年12月
それ以外の地点は1995年1月～2004年12月
風向風速計の地上高，海抜高は気象庁年報（2003年版）による

表-資 4.2 大気汚染常時監視測定局の風向出現頻度およびワイブルパラメータ

地点名	ワイブル係数	NNE	NE	ENE	E	ESE	SE	SSE	S	SSW	SW	WSW	W	WNW	NW	NNW	N
港 区 45 1.61	出現頻度 C K	7.8 3.88 2.23	5.6 3.17 2.00	5.9 2.38 2.05	4.0 1.61 2.04	4.4 1.46 2.35	6.1 2.04 2.21	7.7 3.72 1.98	10.3 5.77 2.14	4.4 5.53 1.77	2.4 3.31 1.78	1.8 2.51 1.90	1.8 2.09 1.80	1.7 2.26 1.61	2.9 3.15 1.51	11.4 3.39 1.90	20.9 3.76 2.27
文京区 37 1.31	出現頻度 C K	7.8 3.06 2.20	6.5 2.99 2.12	5.8 2.84 2.16	5.9 2.74 2.27	2.0 1.93 2.16	3.2 2.55 2.05	6.1 3.60 2.31	5.2 4.23 2.23	8.9 5.20 2.15	6.2 4.57 1.73	1.6 1.82 1.71	1.1 1.01 1.71	1.3 1.39 1.83	5.5 3.12 1.86	14.2 4.94 1.97	17.8 4.21 2.22
世田谷区 31 1.78	出現頻度 C K	6.4 2.31 2.31	6.7 2.48 2.31	5.9 2.51 2.24	3.4 2.33 2.24	2.5 2.15 2.11	4.8 2.59 2.21	5.2 2.81 2.12	11.2 3.91 2.04	6.5 3.91 1.71	2.1 2.04 1.55	1.4 1.50 1.75	1.9 1.48 1.83	3.0 1.82 1.82	6.6 3.04 1.63	15.9 3.67 1.96	15.5 3.25 2.17
神奈川区 30 1.35	出現頻度 C K	11.7 3.16 2.40	5.9 3.04 2.63	3.5 2.95 2.55	2.4 2.69 2.28	5.1 2.72 2.55	8.1 3.02 2.85	3.3 3.02 2.15	8.1 3.73 2.37	12.5 4.24 2.53	2.8 3.08 1.88	1.0 1.61 1.42	1.2 1.13 1.16	0.9 0.85 1.10	4.7 1.84 1.65	12.9 3.32 1.95	16.1 3.97 2.16
大阪タワー 120 0.02	出現頻度 C K	6.7 3.40 1.77	14.3 3.20 2.25	18.2 3.12 2.08	3.1 3.25 1.59	0.8 2.64 1.42	0.6 2.37 1.42	0.7 2.40 1.52	0.7 1.61 1.41	2.0 3.32 1.41	7.8 4.88 2.12	14.2 5.83 2.26	10.5 6.01 1.84	3.8 4.05 1.61	4.8 3.78 1.78	6.3 3.43 1.79	5.5 2.40 1.80

* 地点名の下段は,上から地上高 (m),静穏 (CALM) の頻度である。
** 解析期間は,1995年1月〜2004年12月の10年間とする。

■資料5　風速増加領域（増減率の分布）の事例

　ここでは基本形状の建物周りの風速増減率の分布をまとめて示す。一部は風速増減率が1.1以上のみを示すものもある。風速増減率とは，本編4．2項で示しているが，建物建設前の風速で建物建設後の風速を割ったもので，風速増減率1.1とは建物建設により風速が1割増加，風速増減率0.9とは建物建設により風速が1割低下したことを示す。この割合はどのような風速時にも成り立つもので，たとえば風速増減率1.2の場合，建設前に10 m/sの風であったのが建設後には12 m/s，建設前に20 m/sの風であったのが建設後には24 m/sの風になるということである。

　次頁より掲載の建物の基本的形状および風速増加率の分布事例は，風速増加領域としてアミ掛けで表示している。各図の下に示される H，W，D は建物の高さ，幅，奥行を表している。これらの結果を実際に当てはめる場合，実際の建物の高さ（H）：幅（W）：奥行（D）の比率に近い例を選び風向に合わせて当てはめることとなる。具体的には，資料編6を参照されたい。使用に当っては，ここに示す例はすべて周辺に建物など障害物が何もない単独建物（一部，2棟建ても含む）であるので，周辺建物の影響が強い場合に適用することはできない。あくまでも，たとえば，周辺の建物が均質で2階建て程度の建物が建ち並ぶような地域の屋根の少し上の状況，あるいは周辺で少し開けた地域などの風速の増減の度合を表すと考えるのがよい。

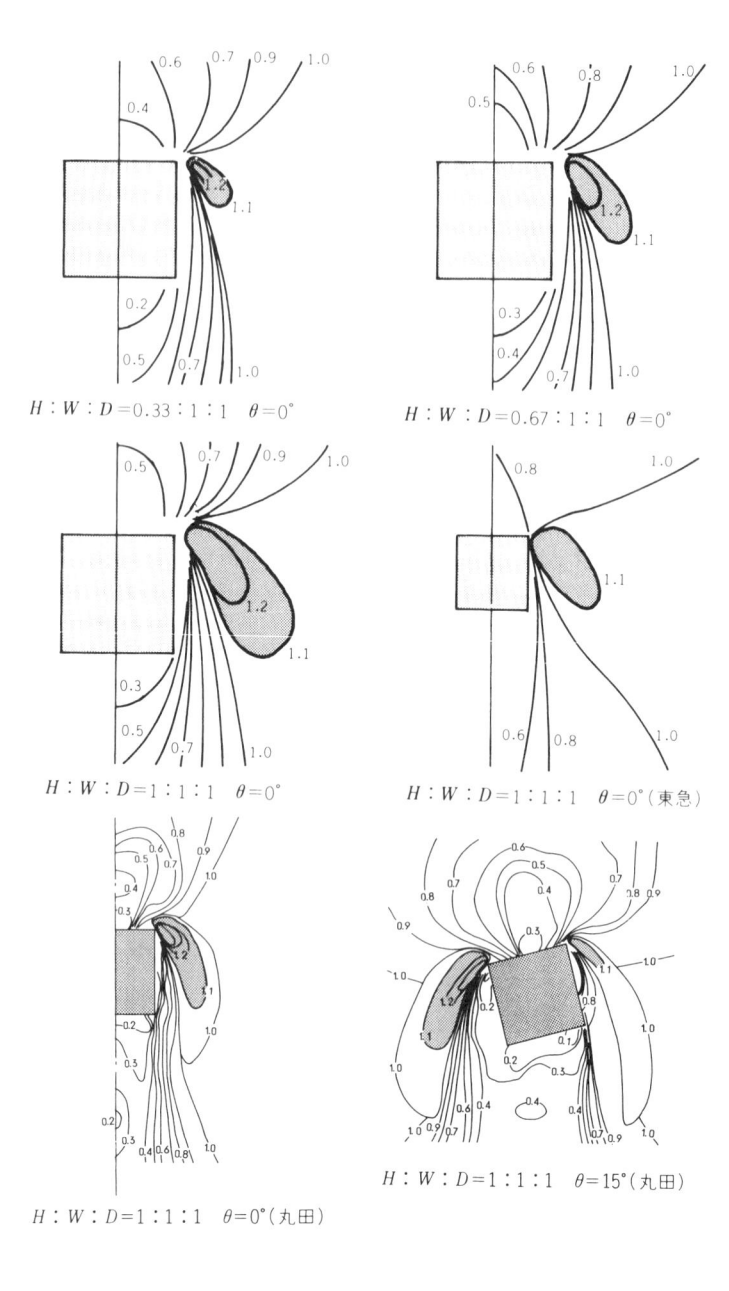

$H:W:D=0.33:1:1 \quad \theta=0°$

$H:W:D=0.67:1:1 \quad \theta=0°$

$H:W:D=1:1:1 \quad \theta=0°$

$H:W:D=1:1:1 \quad \theta=0°(東急)$

$H:W:D=1:1:1 \quad \theta=0°(丸田)$

$H:W:D=1:1:1 \quad \theta=15°(丸田)$

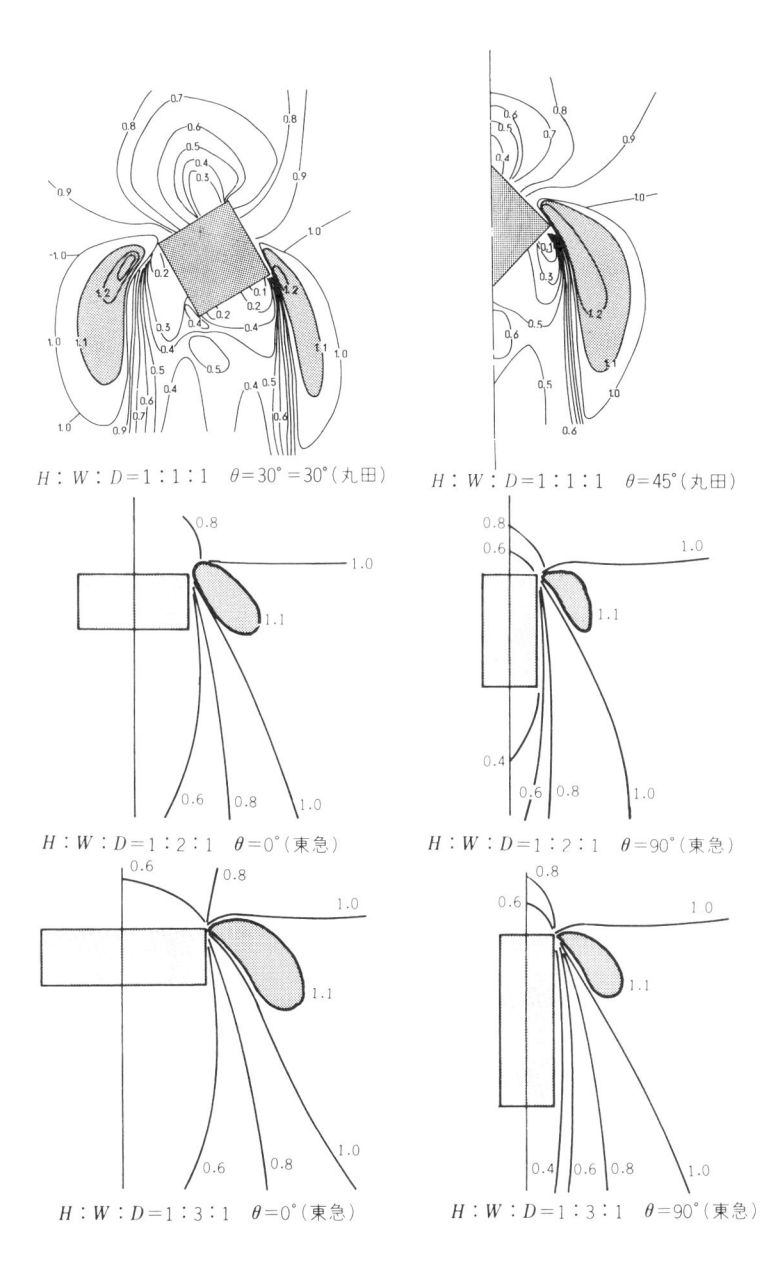

$H:W:D=1:1:1 \quad \theta=30°=30°(丸田)$

$H:W:D=1:1:1 \quad \theta=45°(丸田)$

$H:W:D=1:2:1 \quad \theta=0°(東急)$

$H:W:D=1:2:1 \quad \theta=90°(東急)$

$H:W:D=1:3:1 \quad \theta=0°(東急)$

$H:W:D=1:3:1 \quad \theta=90°(東急)$

$H:W:D=1:4:1$　$\theta=0°$（東急）

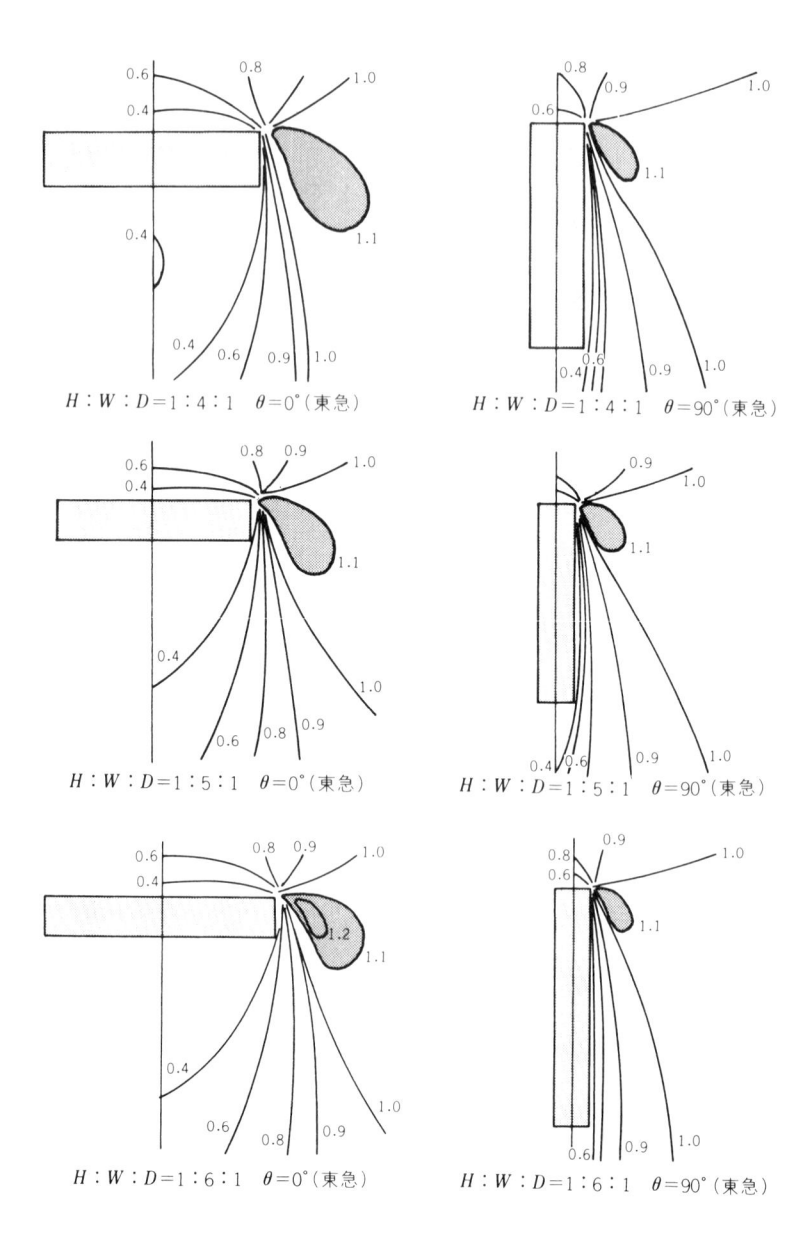

$H:W:D=1:4:1$　$\theta=90°$（東急）

$H:W:D=1:5:1$　$\theta=0°$（東急）

$H:W:D=1:5:1$　$\theta=90°$（東急）

$H:W:D=1:6:1$　$\theta=0°$（東急）

$H:W:D=1:6:1$　$\theta=90°$（東急）

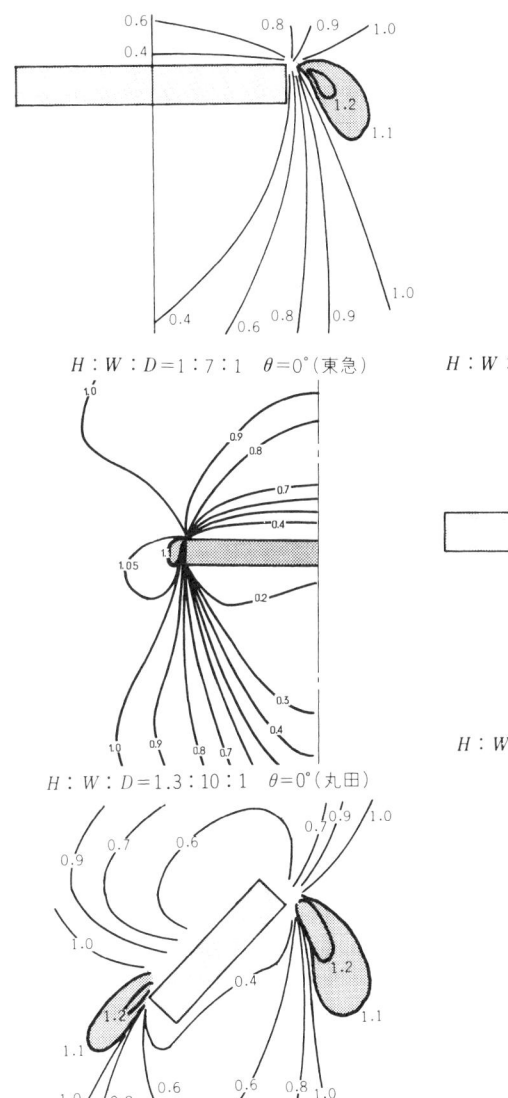

資料編　123

$H:W:D=1:7:1\quad \theta=0°$（東急）

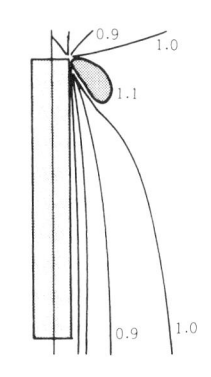

$H:W:D=1:7:1\quad \theta=90°$（東急）

$H:W:D=1.3:10:1\quad \theta=0°$（丸田）

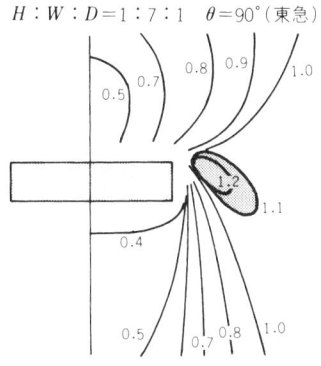

$H:W:D=1.33:4:1\quad \theta=0°$

$H:W:D=1.33:4:1\quad \theta=45°$

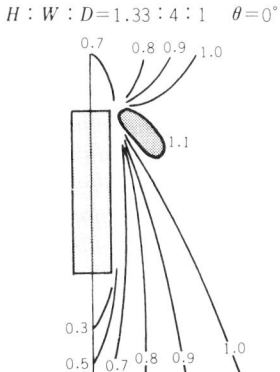

$H:W:D=1.33:4:1\quad \theta=90°$

$H:W:D=1.33:8:1 \quad \theta=0°$

$H:W:D=1.33:8:1 \quad \theta=45°$

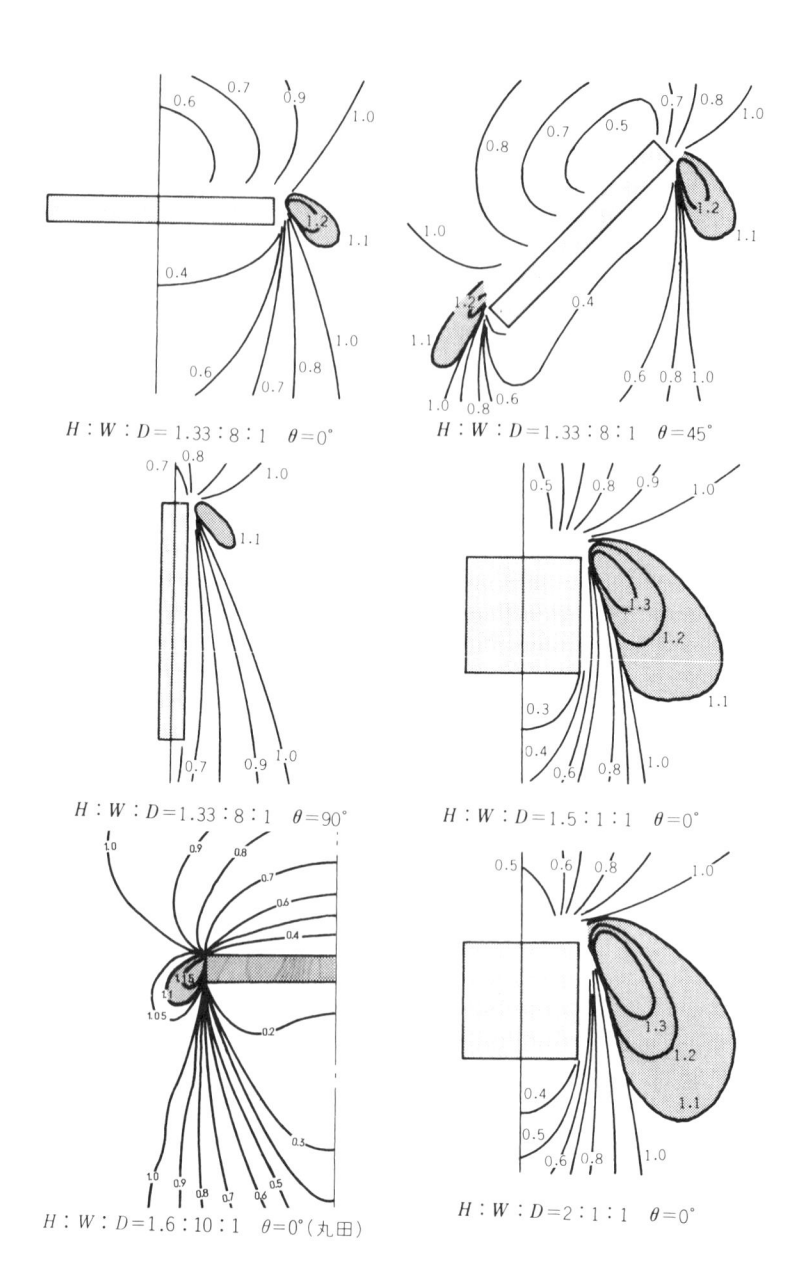

$H:W:D=1.33:8:1 \quad \theta=90°$

$H:W:D=1.5:1:1 \quad \theta=0°$

$H:W:D=1.6:10:1 \quad \theta=0°$（丸田）

$H:W:D=2:1:1 \quad \theta=0°$

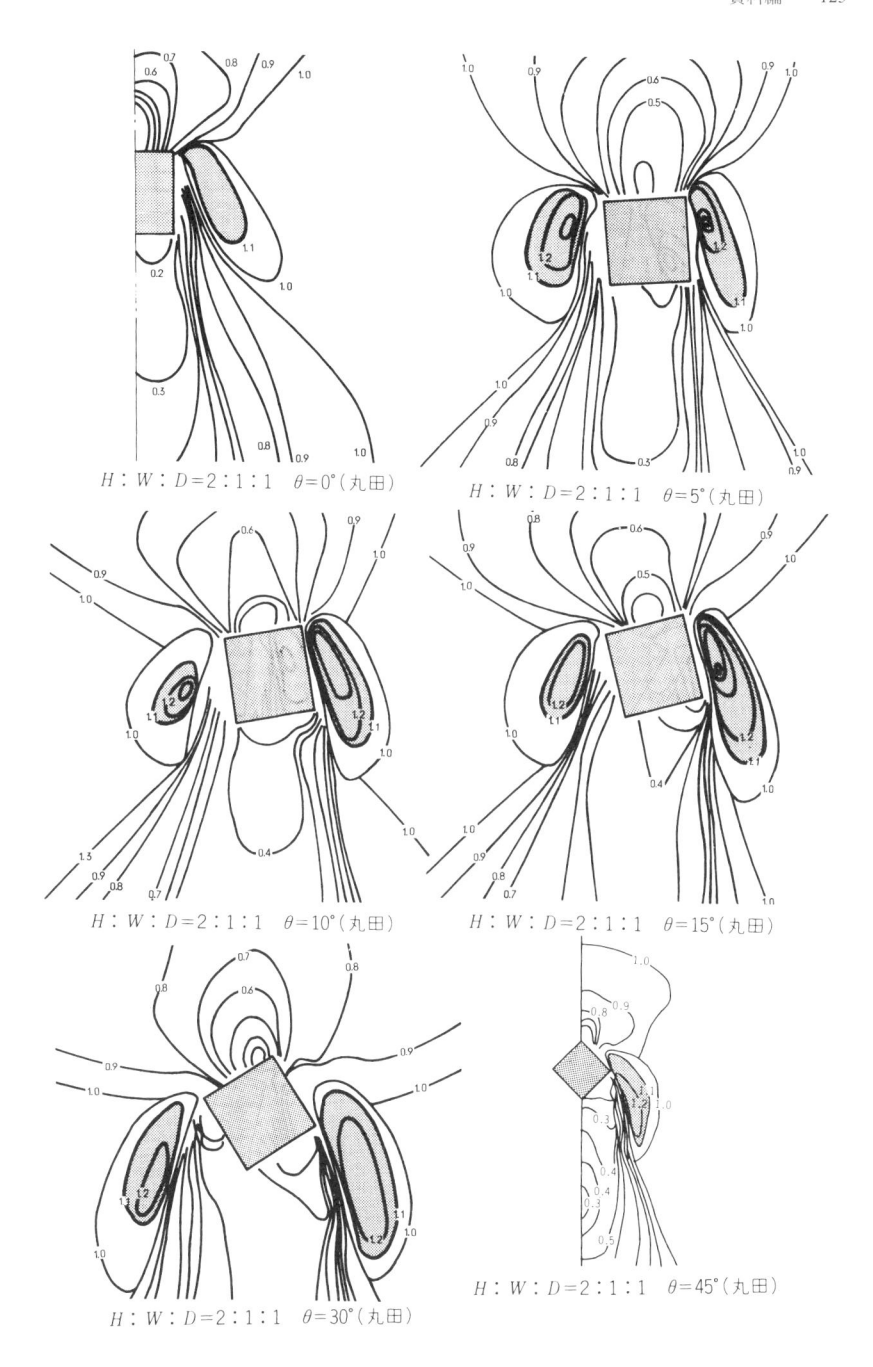

$H:W:D=2:1:1$　$\theta=0°$(丸田)

$H:W:D=2:1:1$　$\theta=5°$(丸田)

$H:W:D=2:1:1$　$\theta=10°$(丸田)

$H:W:D=2:1:1$　$\theta=15°$(丸田)

$H:W:D=2:1:1$　$\theta=30°$(丸田)

$H:W:D=2:1:1$　$\theta=45°$(丸田)

$H:W:D=2:2:1 \quad \theta=0°$ (東急)

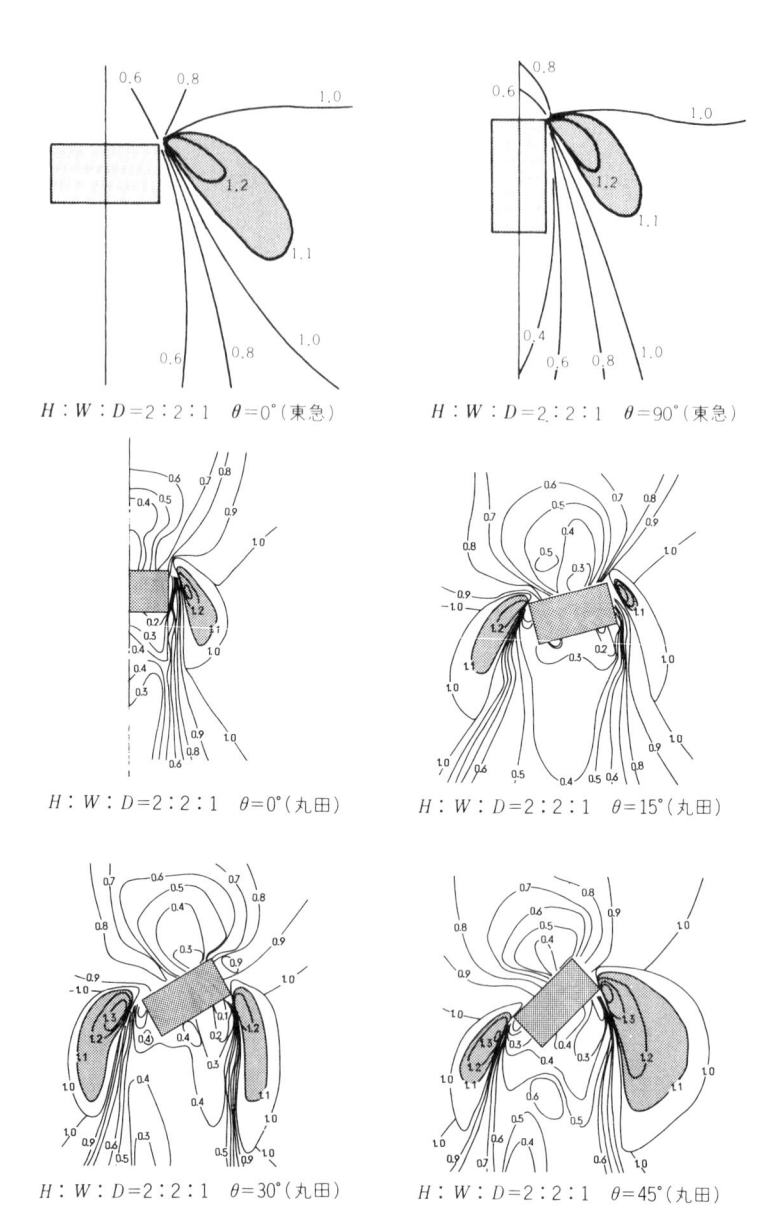

$H:W:D=2:2:1 \quad \theta=90°$ (東急)

$H:W:D=2:2:1 \quad \theta=0°$ (丸田)

$H:W:D=2:2:1 \quad \theta=15°$ (丸田)

$H:W:D=2:2:1 \quad \theta=30°$ (丸田)

$H:W:D=2:2:1 \quad \theta=45°$ (丸田)

$H:W:D=2:2:1\quad \theta=60°$（丸田）

$H:W:D=2:2:1\quad \theta=75°$（丸田）

$H:W:D=2:2:1\quad \theta=90°$（丸田）

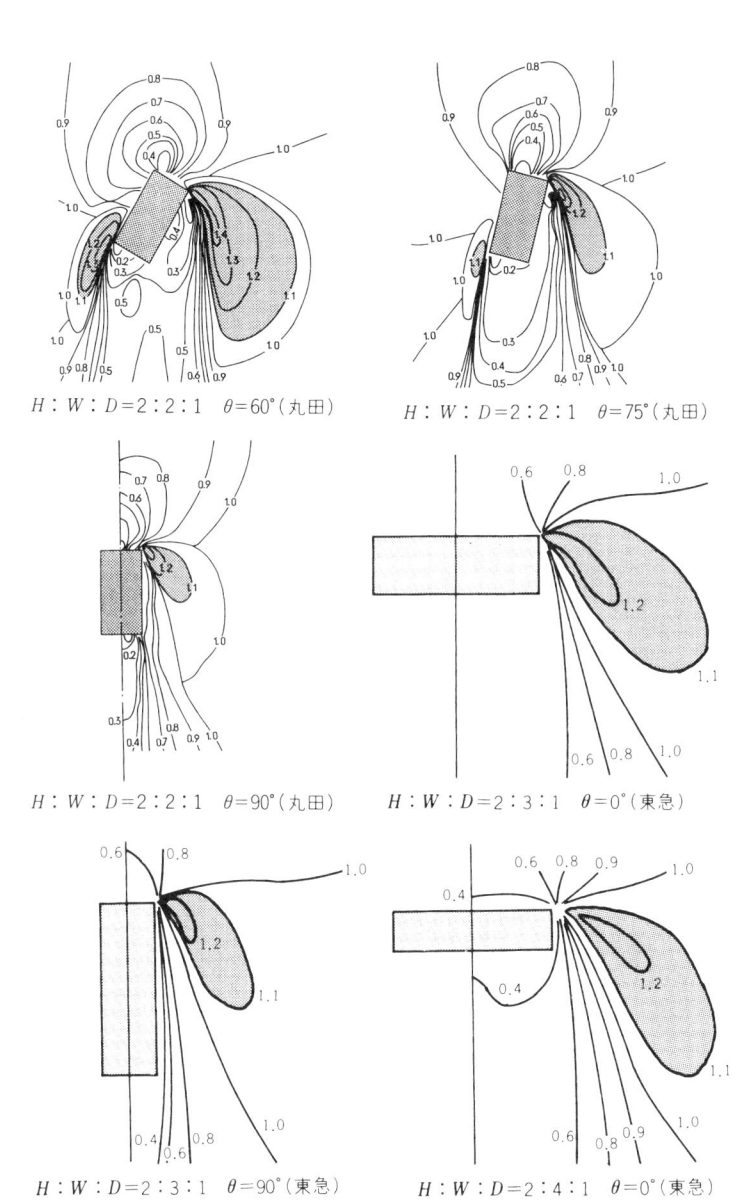

$H:W:D=2:3:1\quad \theta=0°$（東急）

$H:W:D=2:3:1\quad \theta=90°$（東急）

$H:W:D=2:4:1\quad \theta=0°$（東急）

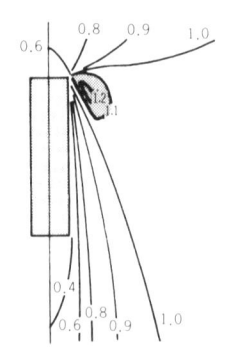

$H:W:D=2:4:1 \quad \theta=90°$ (東急)

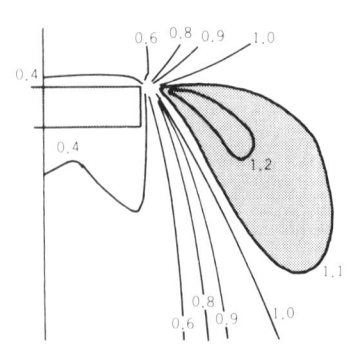

$H:W:D=2:5:1 \quad \theta=0°$ (東急)

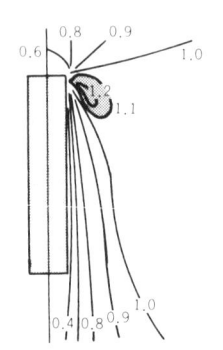

$H:W:D=2:5:1 \quad \theta=90°$ (東急)

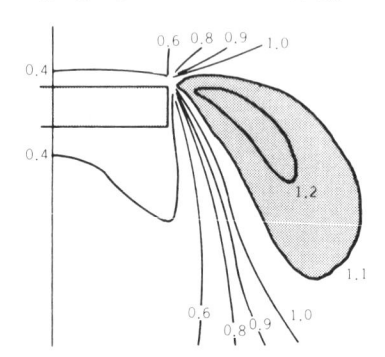

$H:W:D=2:6:1 \quad \theta=0°$ (東急)

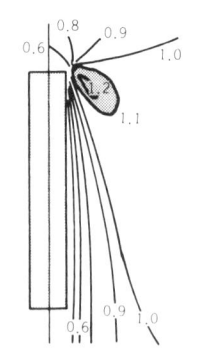

$H:W:D=2:6:1 \quad \theta=90°$ (東急)

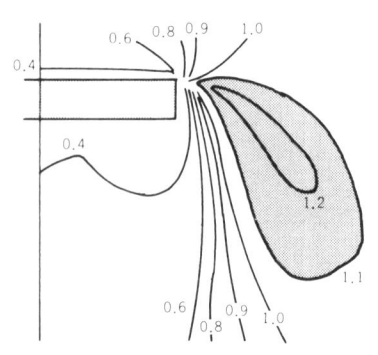

$H:W:D=2:7:1 \quad \theta=0°$ (東急)

資料編　129

$H:W:D=2:7:1$　$\theta=90°$（東急）

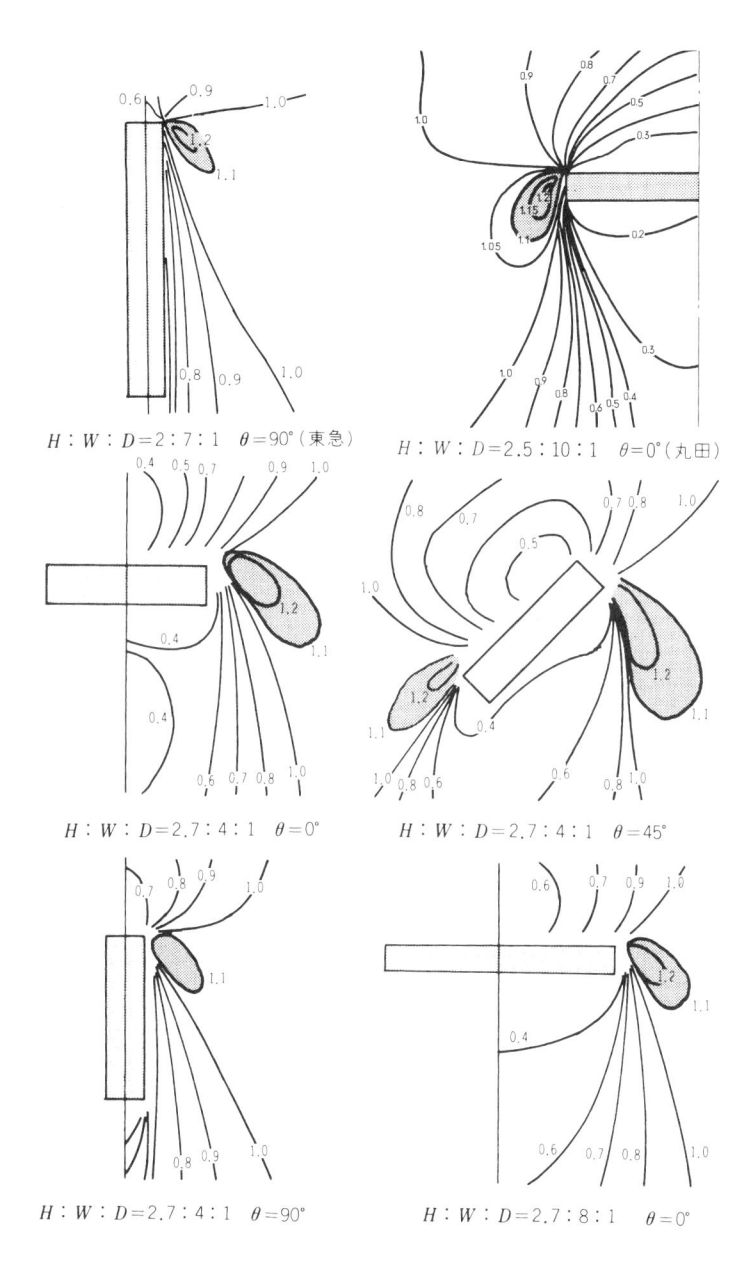

$H:W:D=2.5:10:1$　$\theta=0°$（丸田）

$H:W:D=2.7:4:1$　$\theta=0°$

$H:W:D=2.7:4:1$　$\theta=45°$

$H:W:D=2.7:4:1$　$\theta=90°$

$H:W:D=2.7:8:1$　$\theta=0°$

$H:W:D=2.7:8:1\quad \theta=45°$

$H:W:D=2.7:8:1\quad \theta=90°$

$H:W:D=3:1:1\quad \theta=0°$(東急)

$H:W:D=3:1:1\quad \theta=0°$(丸田)

$H:W:D=3:1:1\quad \theta=5°$(丸田)

$H:W:D=3:1:1\quad \theta=10°$(丸田)

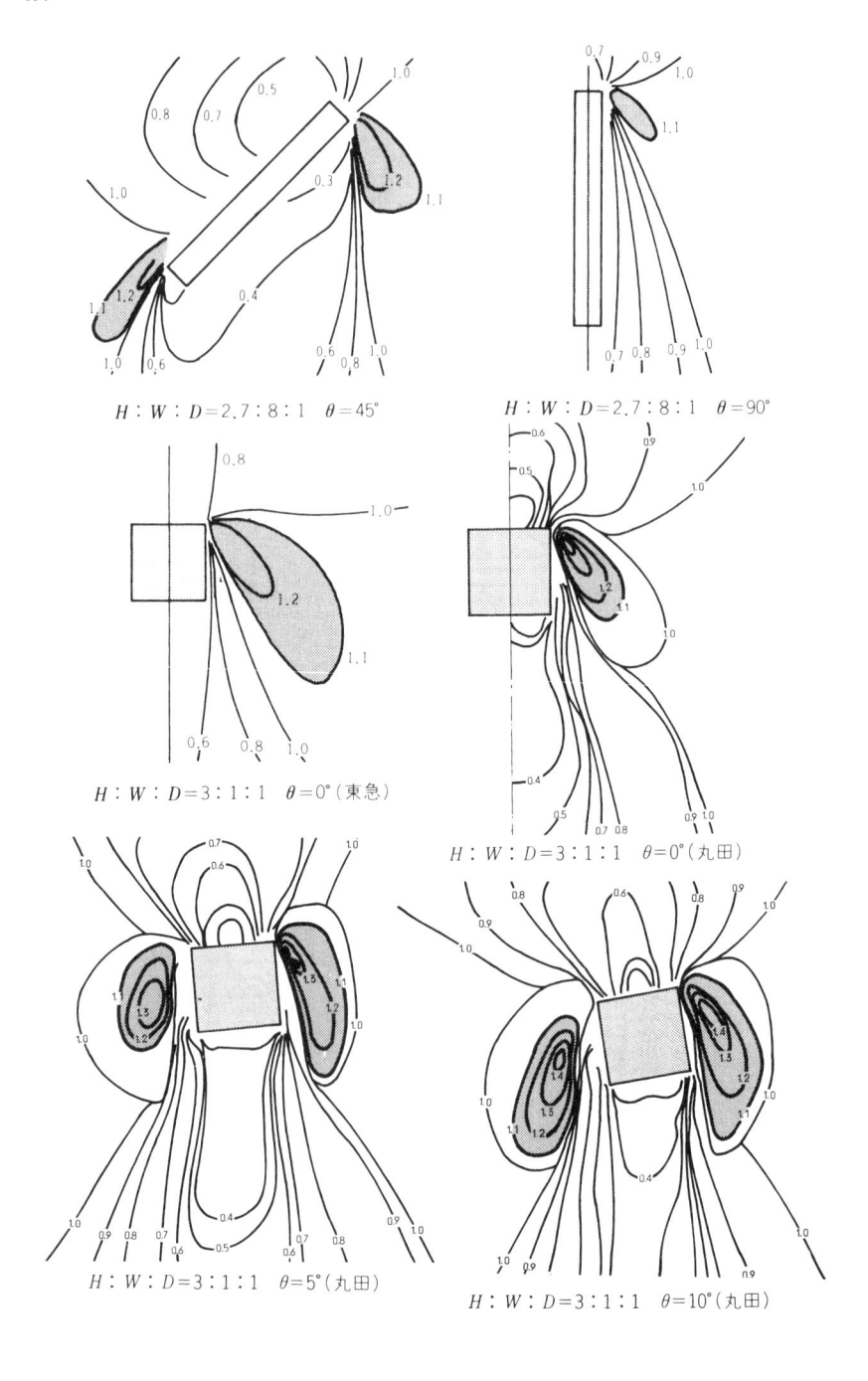

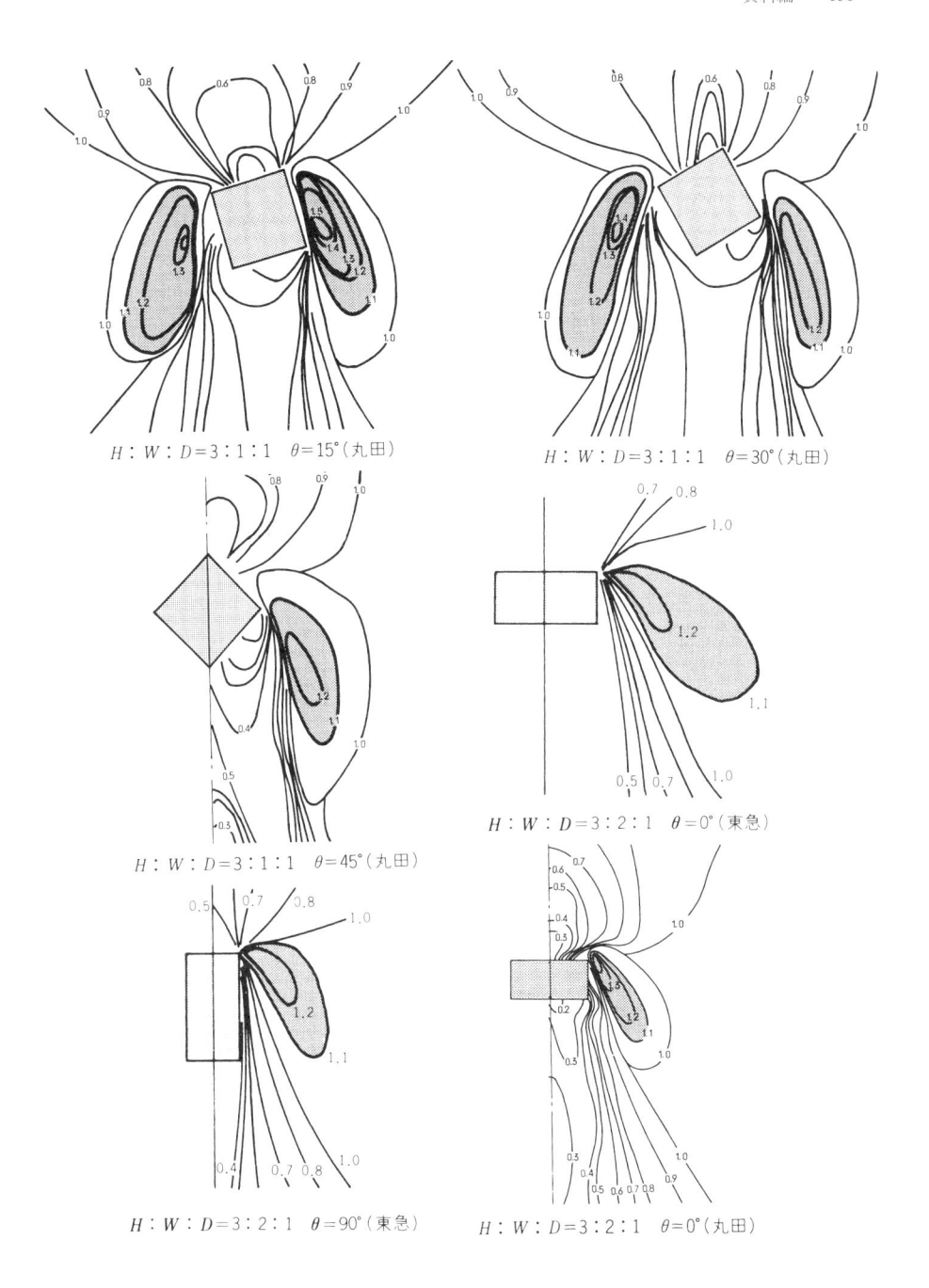

資料編 131

$H:W:D=3:1:1\quad \theta=15°$（丸田）

$H:W:D=3:1:1\quad \theta=30°$（丸田）

$H:W:D=3:1:1\quad \theta=45°$（丸田）

$H:W:D=3:2:1\quad \theta=0°$（東急）

$H:W:D=3:2:1\quad \theta=90°$（東急）

$H:W:D=3:2:1\quad \theta=0°$（丸田）

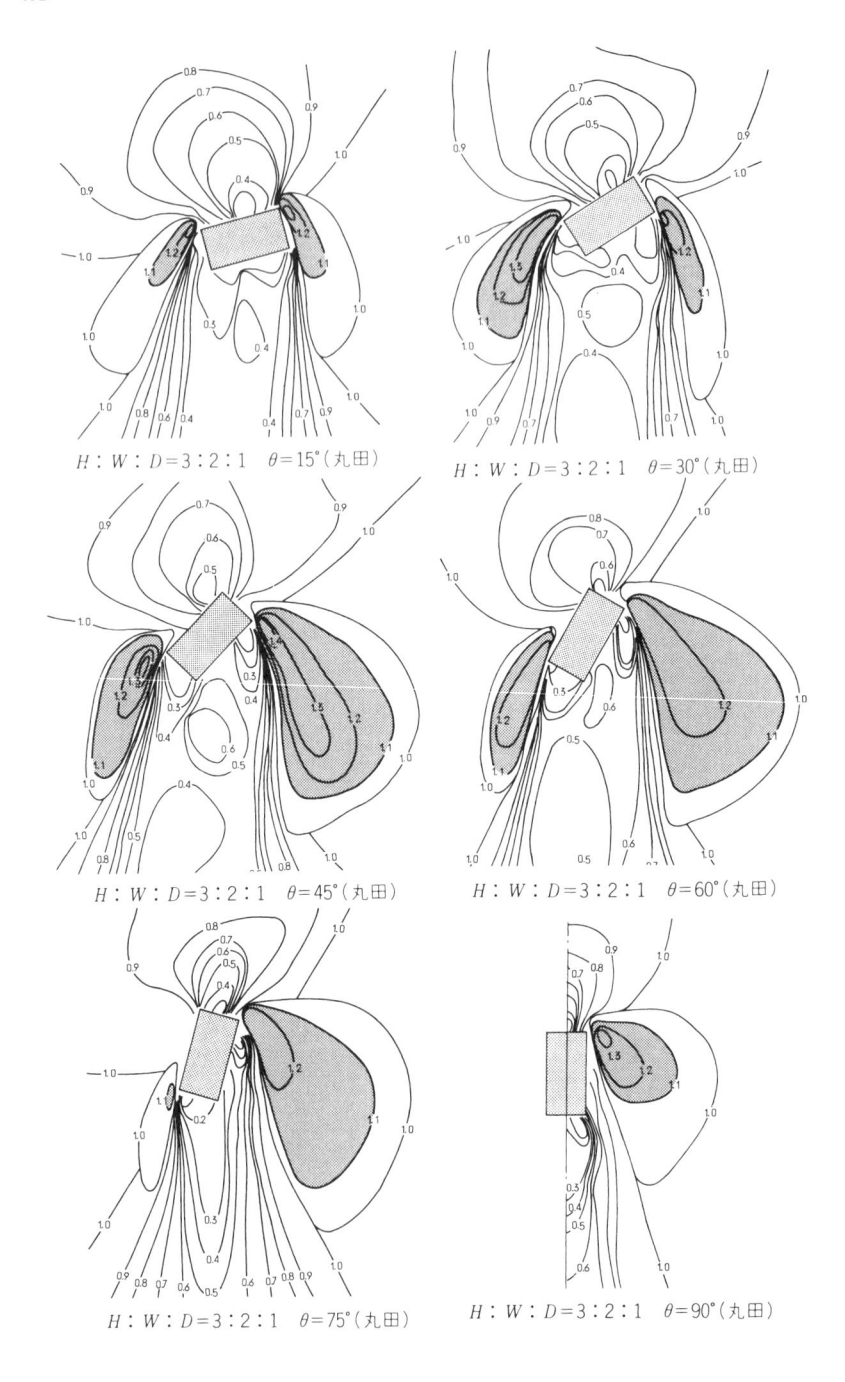

$H:W:D=3:2:1 \quad \theta=15°$ (丸田)

$H:W:D=3:2:1 \quad \theta=30°$ (丸田)

$H:W:D=3:2:1 \quad \theta=45°$ (丸田)

$H:W:D=3:2:1 \quad \theta=60°$ (丸田)

$H:W:D=3:2:1 \quad \theta=75°$ (丸田)

$H:W:D=3:2:1 \quad \theta=90°$ (丸田)

資料編 133

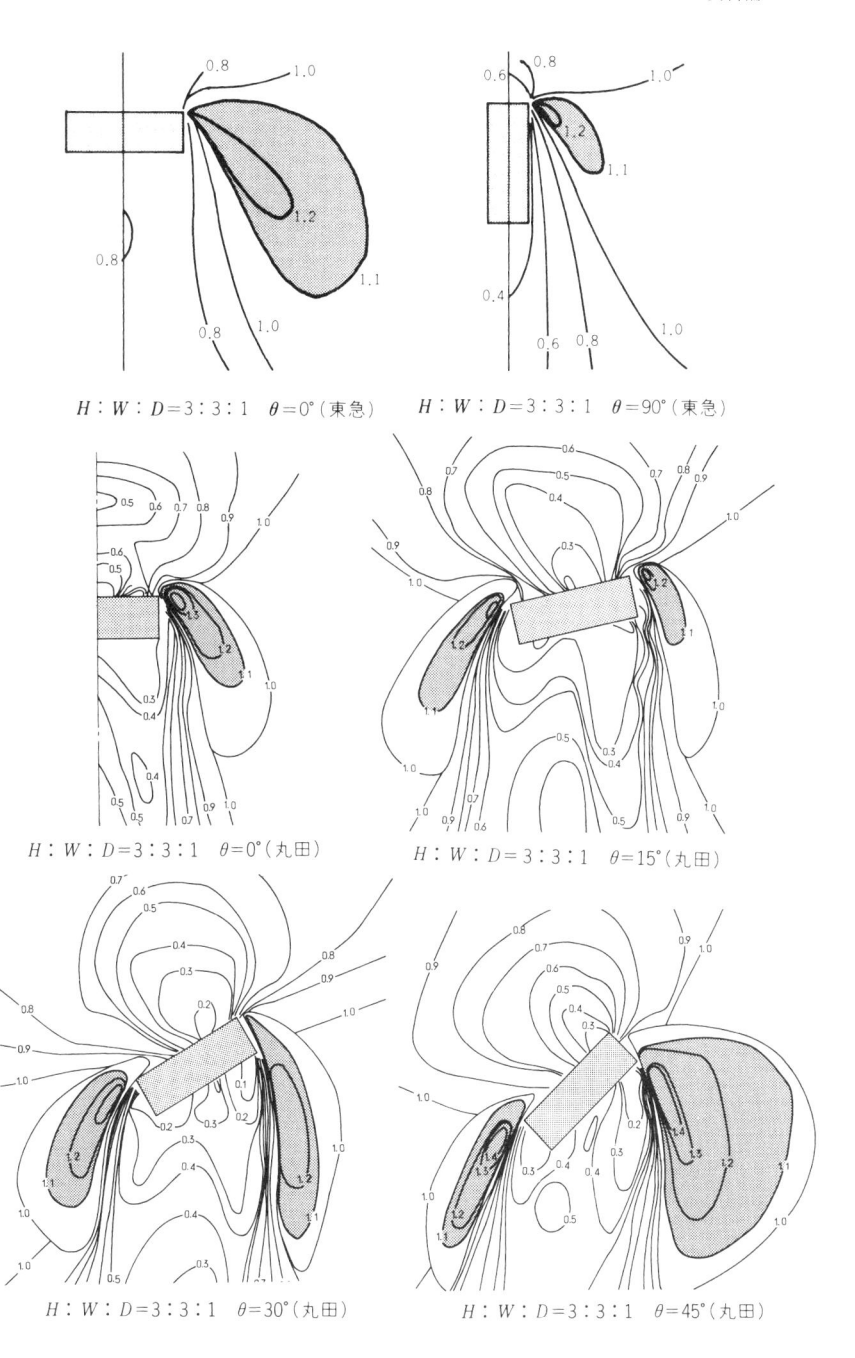

$H:W:D=3:3:1 \quad \theta=0°$ (東急)

$H:W:D=3:3:1 \quad \theta=90°$ (東急)

$H:W:D=3:3:1 \quad \theta=0°$ (丸田)

$H:W:D=3:3:1 \quad \theta=15°$ (丸田)

$H:W:D=3:3:1 \quad \theta=30°$ (丸田)

$H:W:D=3:3:1 \quad \theta=45°$ (丸田)

$H:W:D=3:3:1$　$\theta=60°$（丸田）

$H:W:D=3:3:1$　$\theta=75°$（丸田）

$H:W:D=3:3:1$　$\theta=90°$（丸田）

$H:W:D=3:4:1$　$\theta=0°$（東急）

$H:W:D=3:4:1$　$\theta=90°$（東急）

$H:W:D=3:4:1$　$\theta=0°$（丸田）

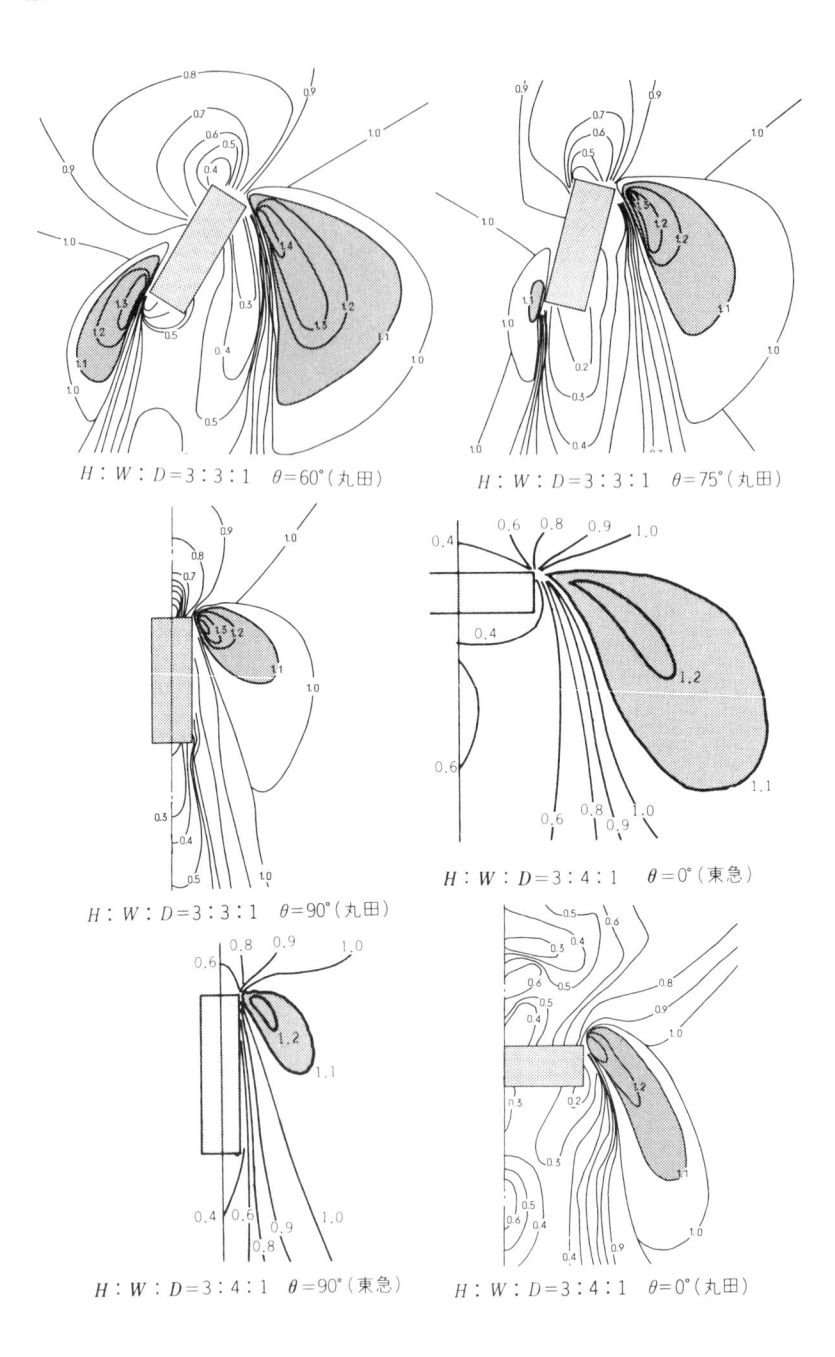

資料編 135

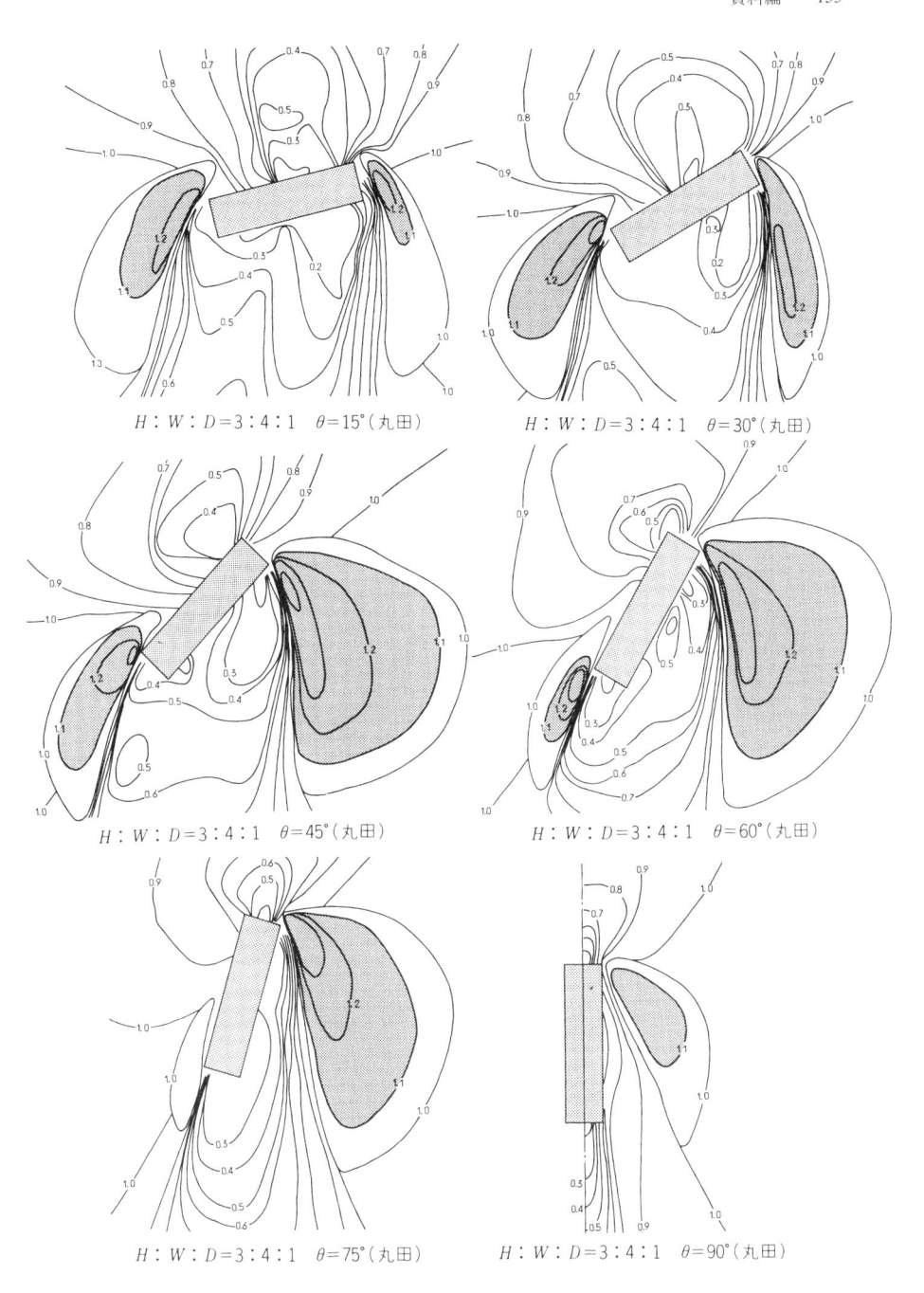

$H:W:D=3:4:1\quad \theta=15°$ (丸田)

$H:W:D=3:4:1\quad \theta=30°$ (丸田)

$H:W:D=3:4:1\quad \theta=45°$ (丸田)

$H:W:D=3:4:1\quad \theta=60°$ (丸田)

$H:W:D=3:4:1\quad \theta=75°$ (丸田)

$H:W:D=3:4:1\quad \theta=90°$ (丸田)

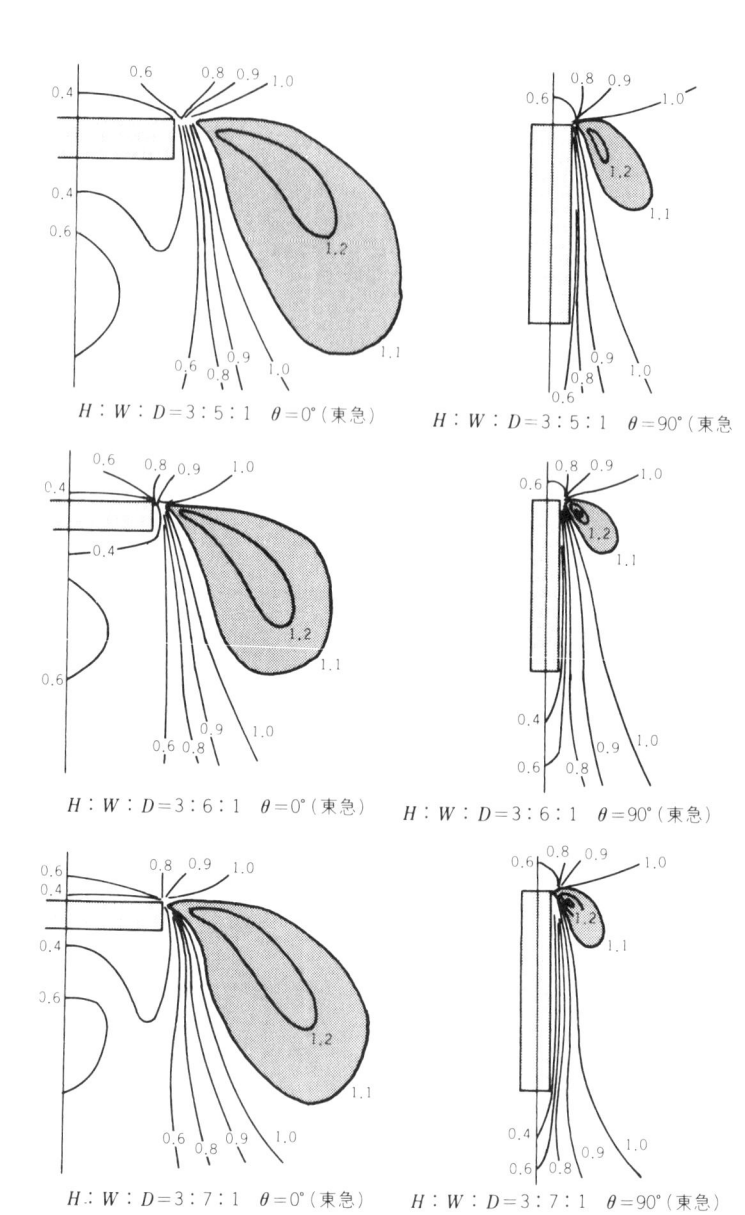

$H:W:D=3:5:1 \quad \theta=0°$(東急) $H:W:D=3:5:1 \quad \theta=90°$(東急)

$H:W:D=3:6:1 \quad \theta=0°$(東急) $H:W:D=3:6:1 \quad \theta=90°$(東急)

$H:W:D=3:7:1 \quad \theta=0°$(東急) $H:W:D=3:7:1 \quad \theta=90°$(東急)

資料編 137

$H:W:D=3.8:10:1\quad \theta=0°$(丸田) $H:W:D=4:1:1\quad \theta=0°$(丸田)

$H:W:D=4:1:1\quad \theta=5°$(丸田) $H:W:D=4:1:1\quad \theta=10°$(丸田)

$H:W:D=4:1:1\quad \theta=15°$(丸田) $H:W:D=4:1:1\quad \theta=30°$(丸田)

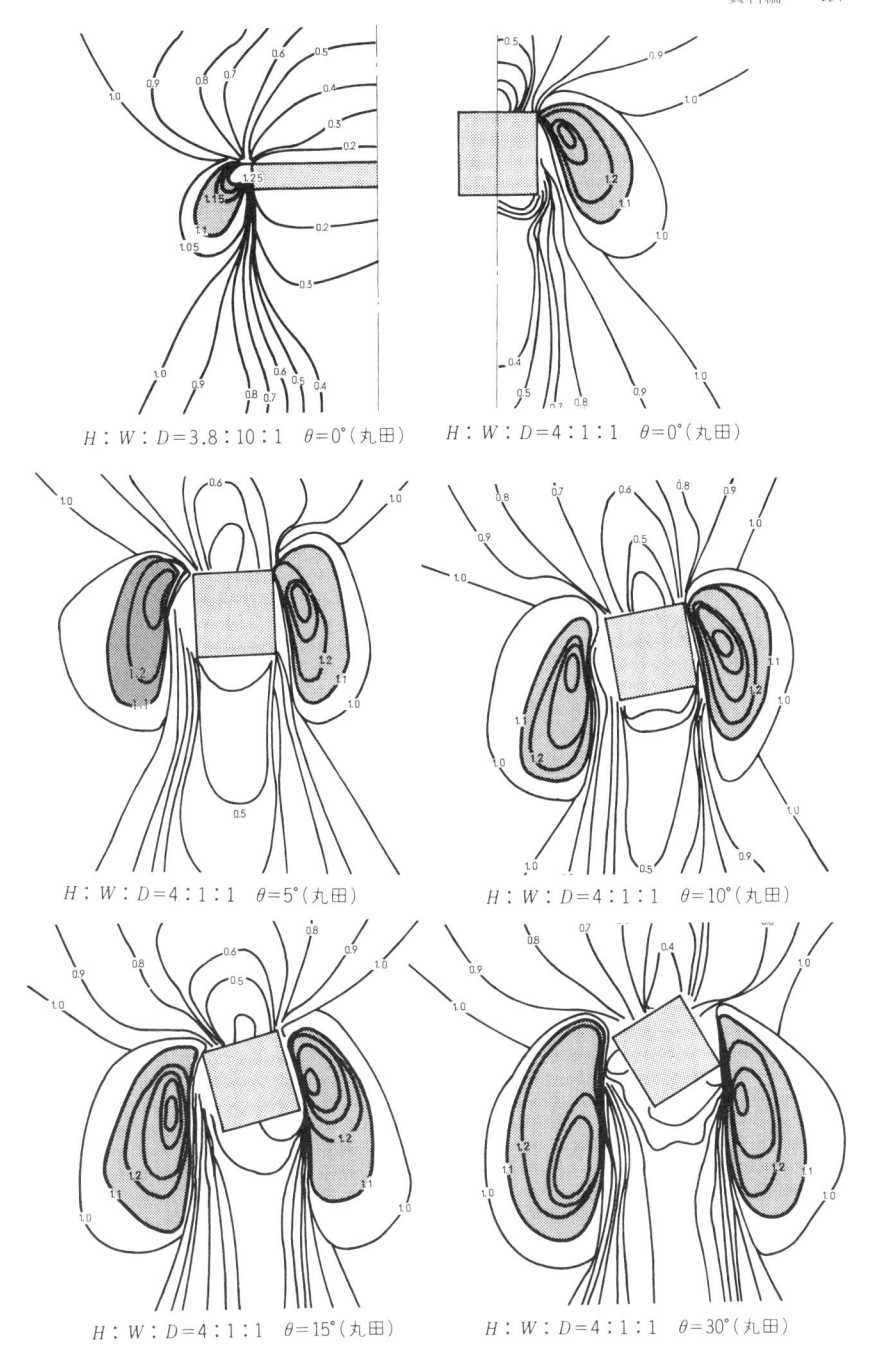

$H:W:D=4:1:1$ $\theta=45°$（丸田）

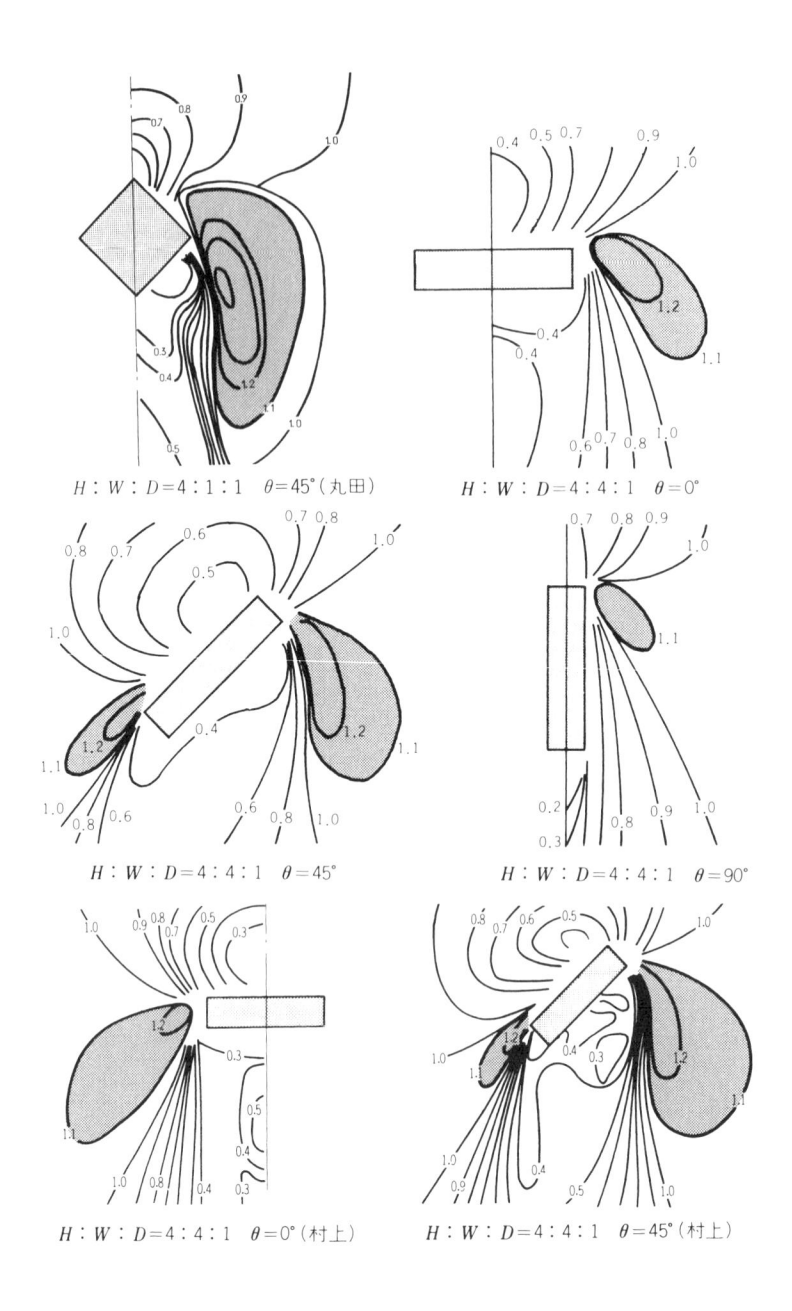

$H:W:D=4:4:1$ $\theta=0°$

$H:W:D=4:4:1$ $\theta=45°$

$H:W:D=4:4:1$ $\theta=90°$

$H:W:D=4:4:1$ $\theta=0°$（村上）

$H:W:D=4:4:1$ $\theta=45°$（村上）

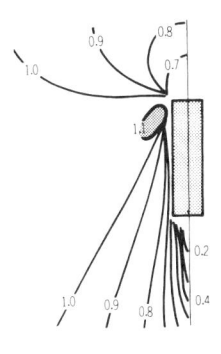

$H:W:D=4:4:1 \quad \theta=90°$ (村上)

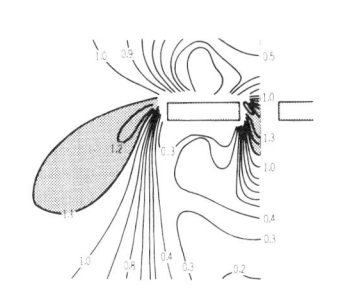

$H:W:D=4:4:1 \quad \theta=0°$ (村上)

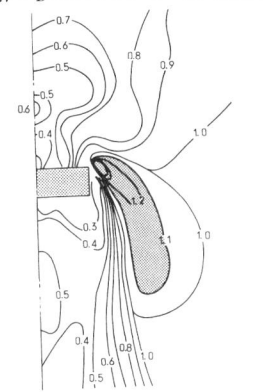

$H:W:D=4:4:1 \quad \theta=0°$ (丸田)

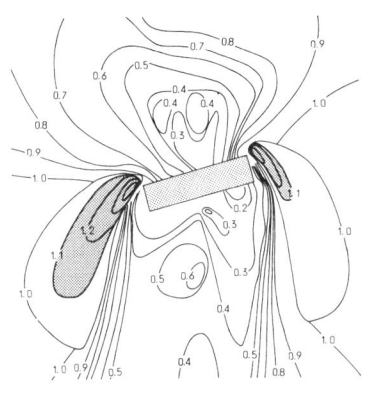

$H:W:D=4:4:1 \quad \theta=15°$ (丸田)

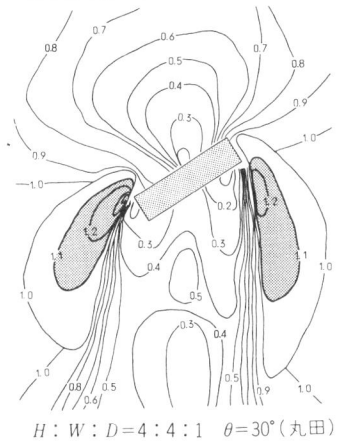

$H:W:D=4:4:1 \quad \theta=30°$ (丸田)

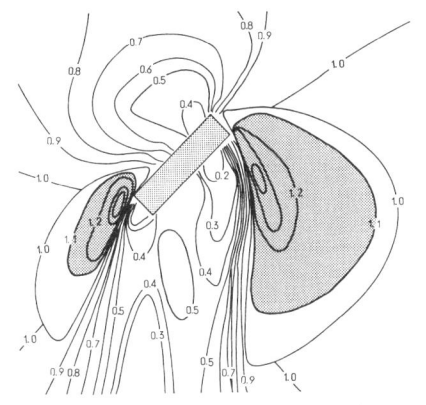

$H:W:D=4:4:1 \quad \theta=45°$ (丸田)

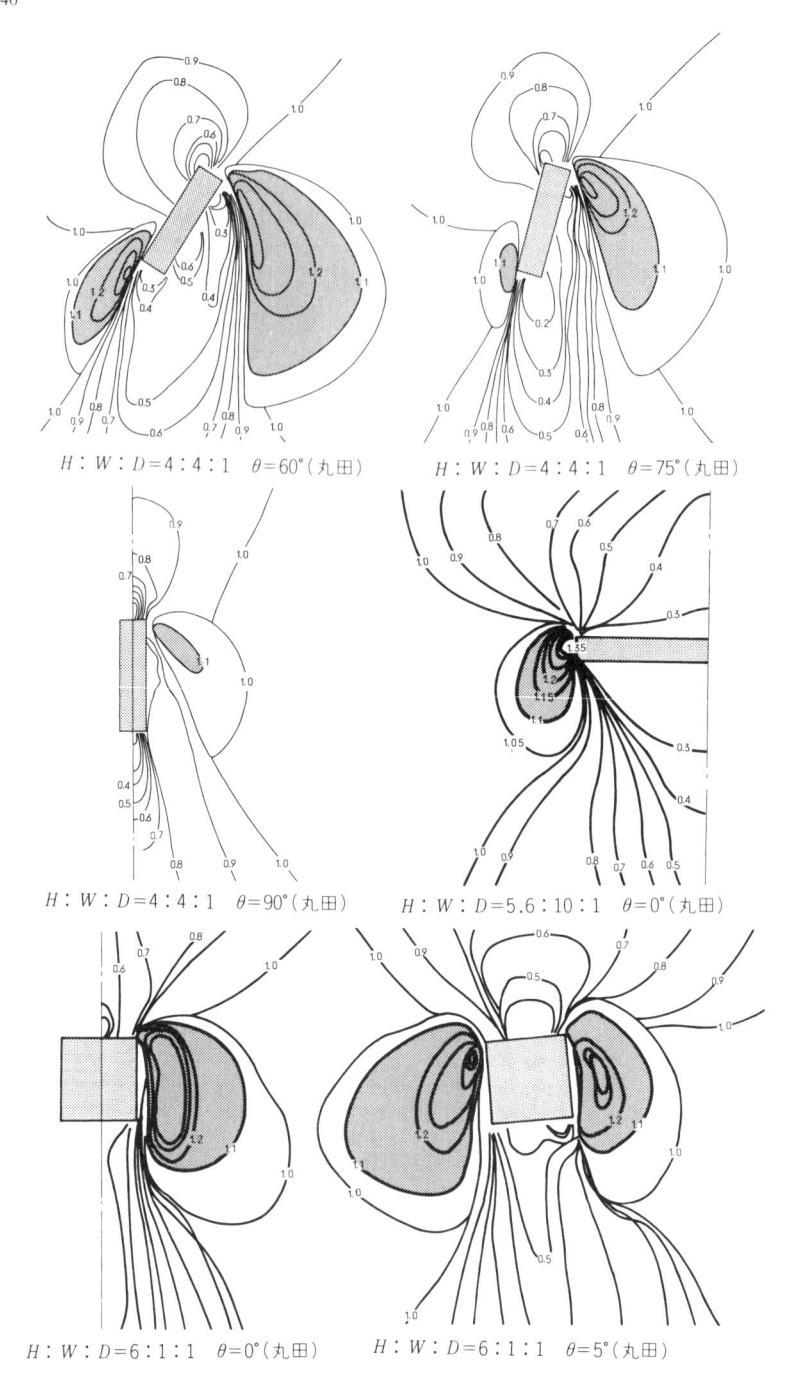

$H:W:D=4:4:1$　$\theta=60°$（丸田）

$H:W:D=4:4:1$　$\theta=75°$（丸田）

$H:W:D=4:4:1$　$\theta=90°$（丸田）

$H:W:D=5.6:10:1$　$\theta=0°$（丸田）

$H:W:D=6:1:1$　$\theta=0°$（丸田）

$H:W:D=6:1:1$　$\theta=5°$（丸田）

資料編　141

$H:W:D=6:1:1$　$\theta=10°$(丸田)　　$H:W:D=6:1:1$　$\theta=15°$(丸田)

$H:W:D=6:1:1$　$\theta=30°$(丸田)　　$H:W:D=6:1:1$　$\theta=45°$(丸田)

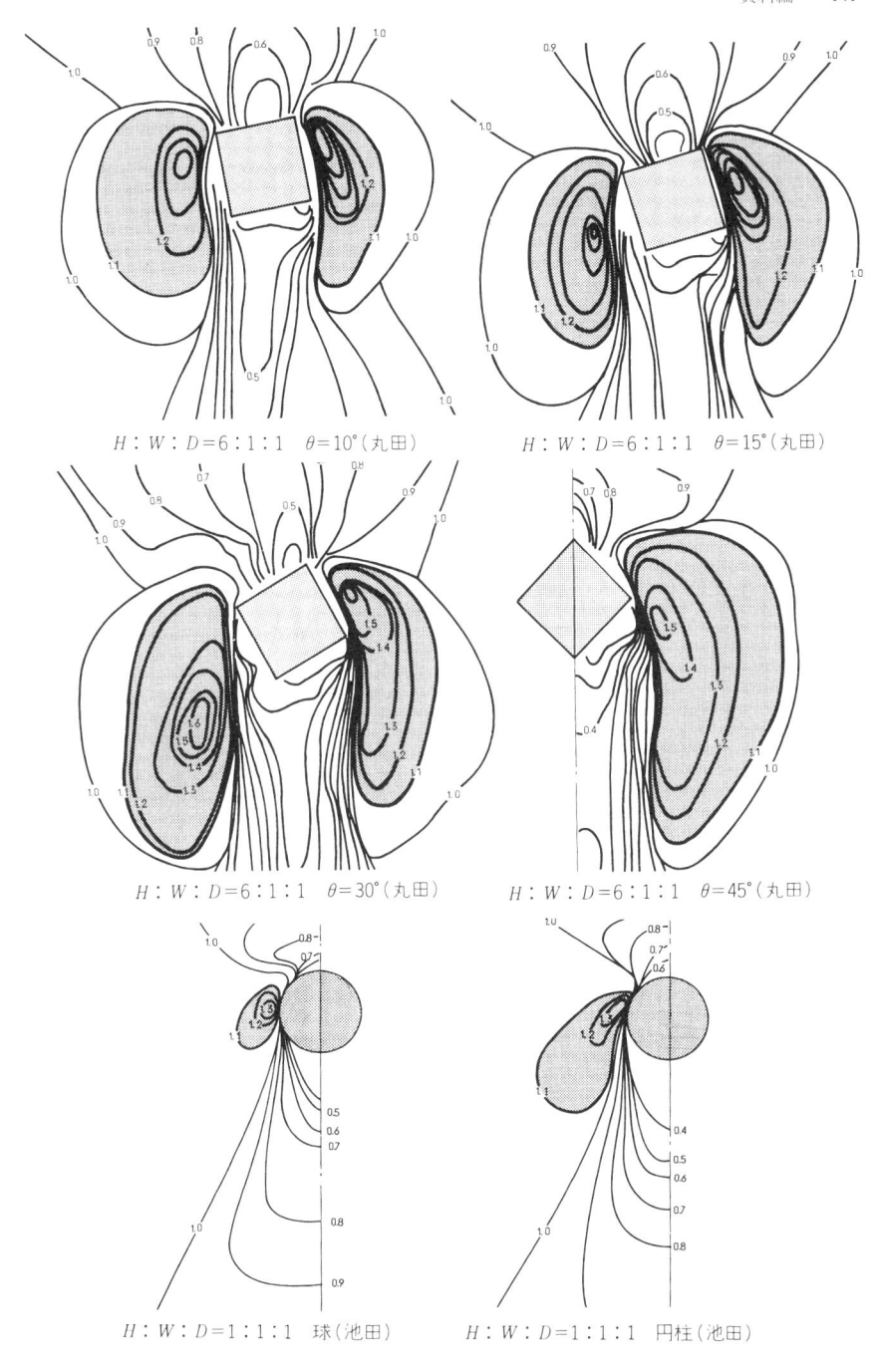

$H:W:D=1:1:1$　球(池田)　　$H:W:D=1:1:1$　円柱(池田)

$H:W:D=2:1:1$　円柱（池田）　　　$H:W:D=4:1:1$　円柱（池田）

$H:W:D=4:2:1$　楕円柱（池田）　　$H:W:D=4:4:1$　$\theta=0°$（総試）

$H:W:D=4:4:1$　$\theta=45°$（総試）　　$H:W:D=4:4:1$　$\theta=90°$（総試）

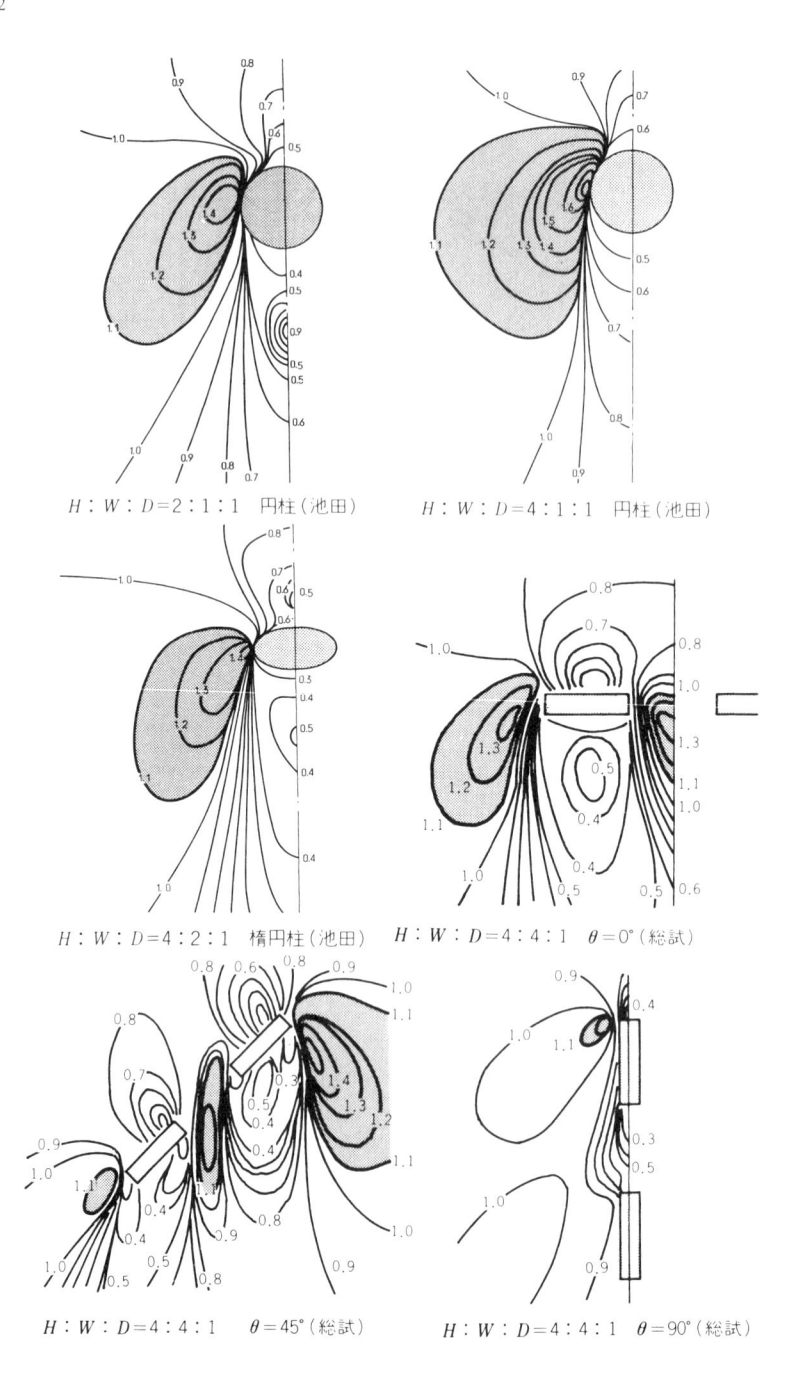

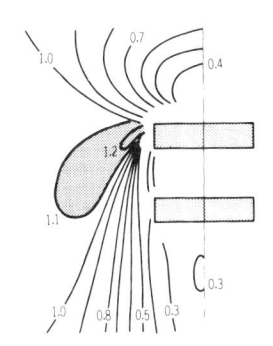

資料編 143

$H:W:D=4:4:1 \quad \theta=0°$（村上）

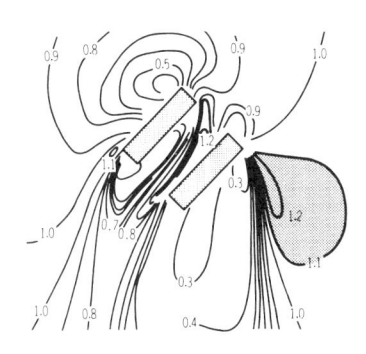

$H:W:D=4:4:1 \quad \theta=45°$（村上）

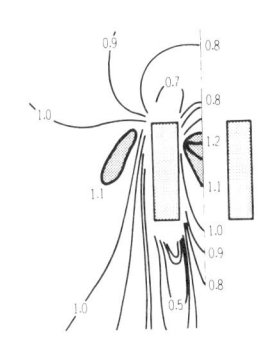

$H:W:D=4:4:1 \quad \theta=90°$（村上）

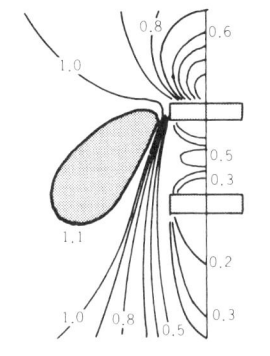

$H:W:D=4:4:1 \quad \theta=0°$（総試）

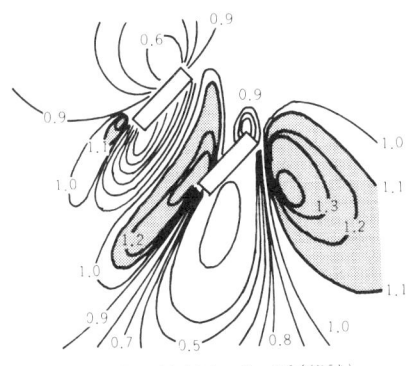

$H:W:D=4:4:1 \quad \theta=45°$（総試）

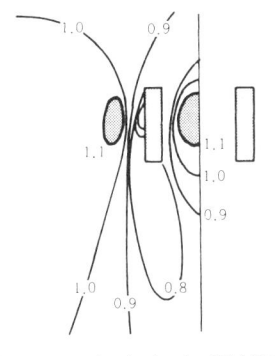

$H:W:D=4:4:1 \quad \theta=90°$（総試）

$H:W:D=4:4:1\quad \theta=0°$（村上）

$H:W:D=4:4:1\quad \theta=45°$（村上）

$H:W:D=4:4:1\quad \theta=0°$（村上）

$H:W:D=4:4:1\quad \theta=45°$（村上）

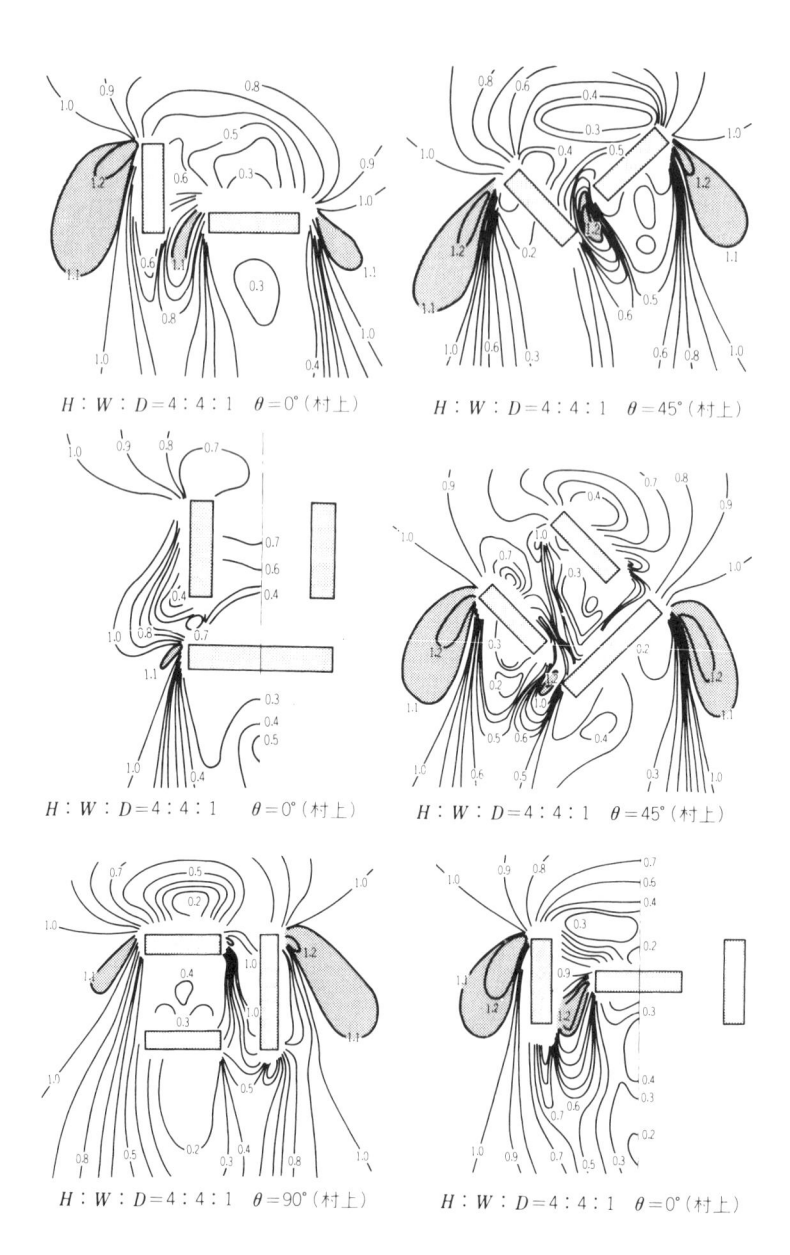

$H:W:D=4:4:1\quad \theta=90°$（村上）

$H:W:D=4:4:1\quad \theta=0°$（村上）

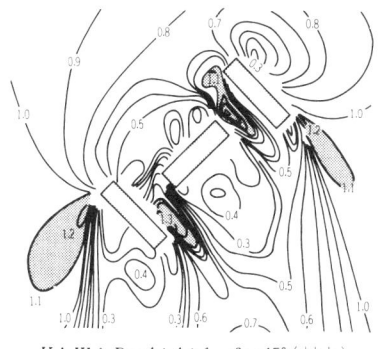

資料編 145

$H:W:D=4:4:1 \quad \theta=45°$ (村上)

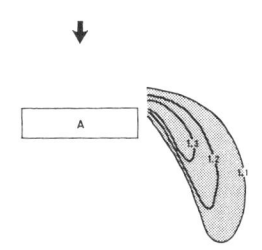

$H:W:D=3:4:1 \quad \theta=0°$

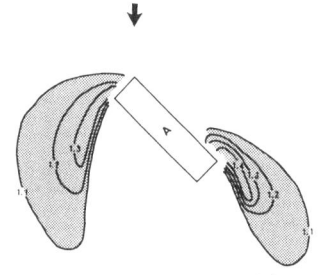

$H:W:D=3:4:1 \quad \theta=45°$

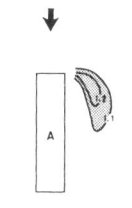

$H:W:D=3:4:1 \quad \theta=90°$

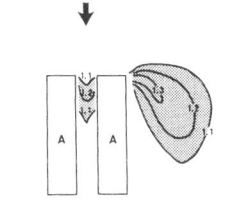

$H:W:D=3:4:1 \quad \theta=0°$

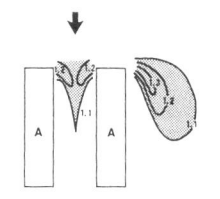

$H:W:D=3:4:1 \quad \theta=0°$

146

$H:W:D=3:4:1 \quad \theta=0°$

$H:W:D=3:4:1 \quad \theta=0°$

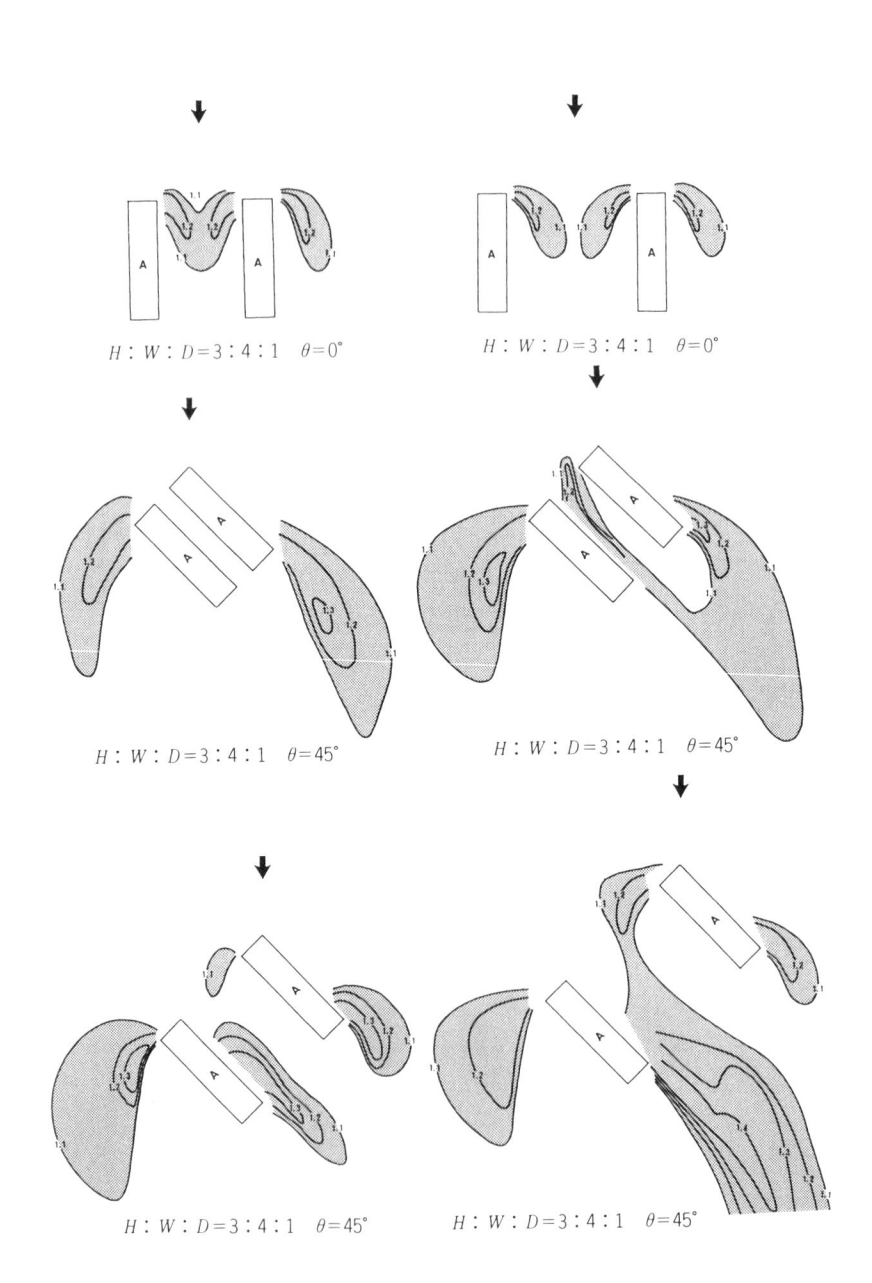

$H:W:D=3:4:1 \quad \theta=45°$

$H:W:D=3:4:1 \quad \theta=45°$

$H:W:D=3:4:1 \quad \theta=45°$

$H:W:D=3:4:1 \quad \theta=45°$

資料編 147

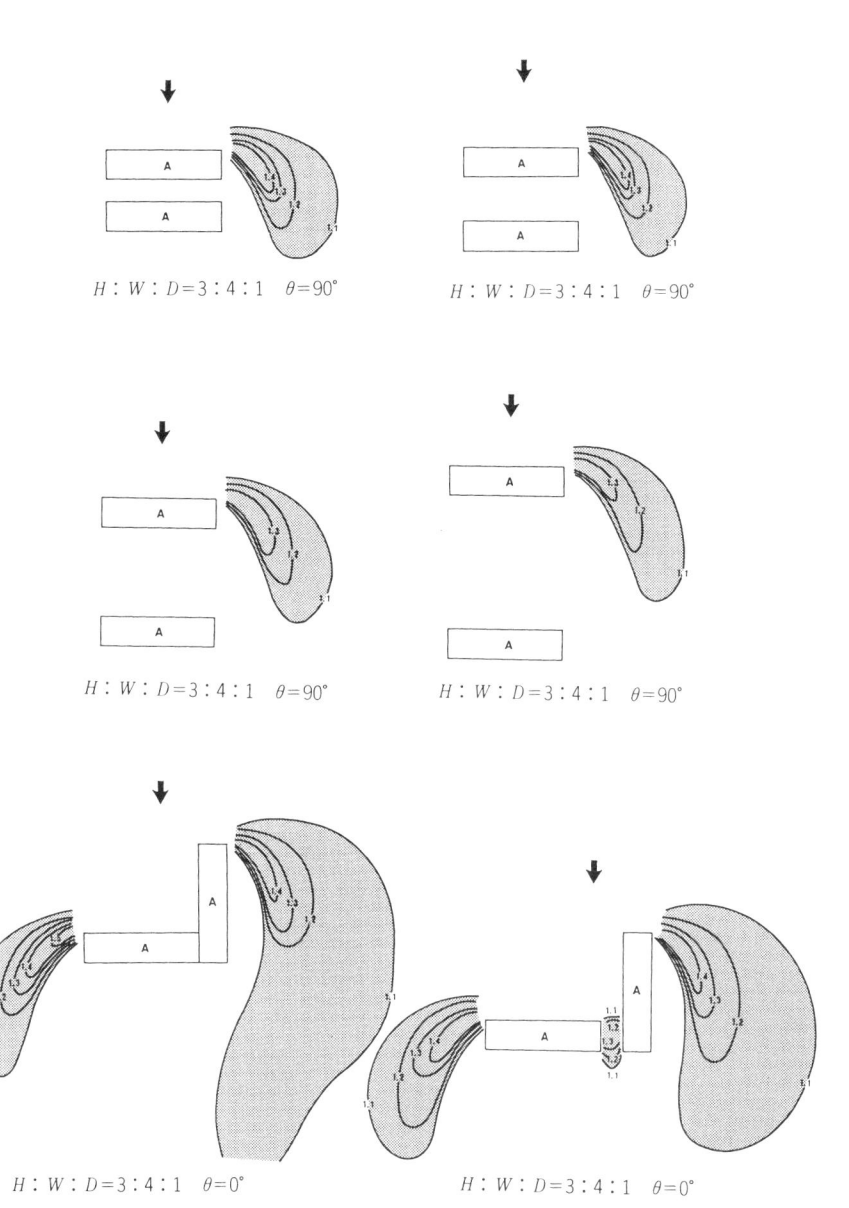

$H:W:D=3:4:1 \quad \theta=90°$

$H:W:D=3:4:1 \quad \theta=90°$

$H:W:D=3:4:1 \quad \theta=90°$

$H:W:D=3:4:1 \quad \theta=90°$

$H:W:D=3:4:1 \quad \theta=0°$

$H:W:D=3:4:1 \quad \theta=0°$

148

$H:W:D=3:4:1 \quad \theta=0°$

$H:W:D=3:4:1 \quad \theta=0°$

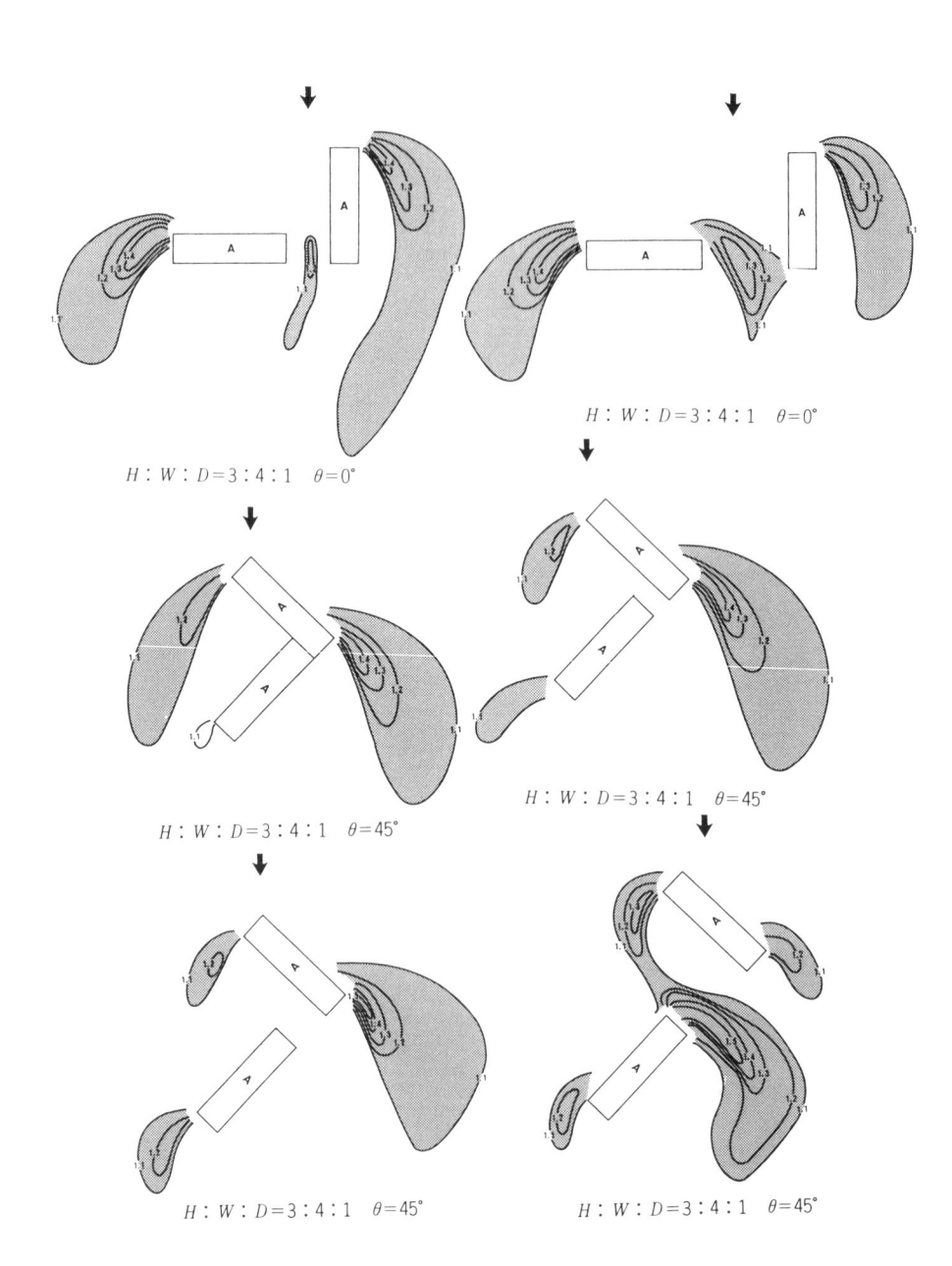

$H:W:D=3:4:1 \quad \theta=45°$

$H:W:D=3:4:1 \quad \theta=45°$

$H:W:D=3:4:1 \quad \theta=45°$

$H:W:D=3:4:1 \quad \theta=45°$

資料編　149

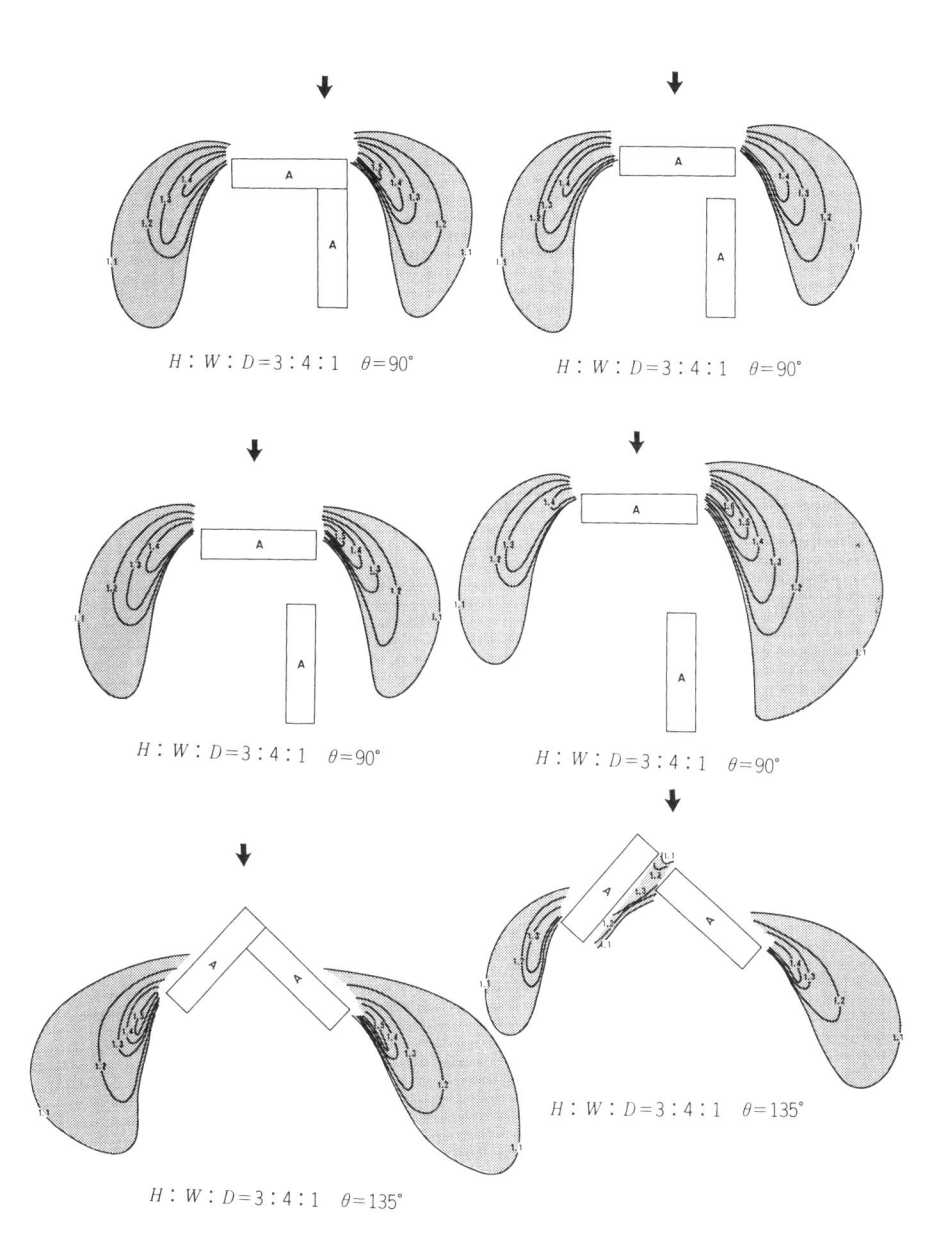

$H:W:D=3:4:1 \quad \theta=90°$

$H:W:D=3:4:1 \quad \theta=90°$

$H:W:D=3:4:1 \quad \theta=90°$

$H:W:D=3:4:1 \quad \theta=90°$

$H:W:D=3:4:1 \quad \theta=135°$

$H:W:D=3:4:1 \quad \theta=135°$

150

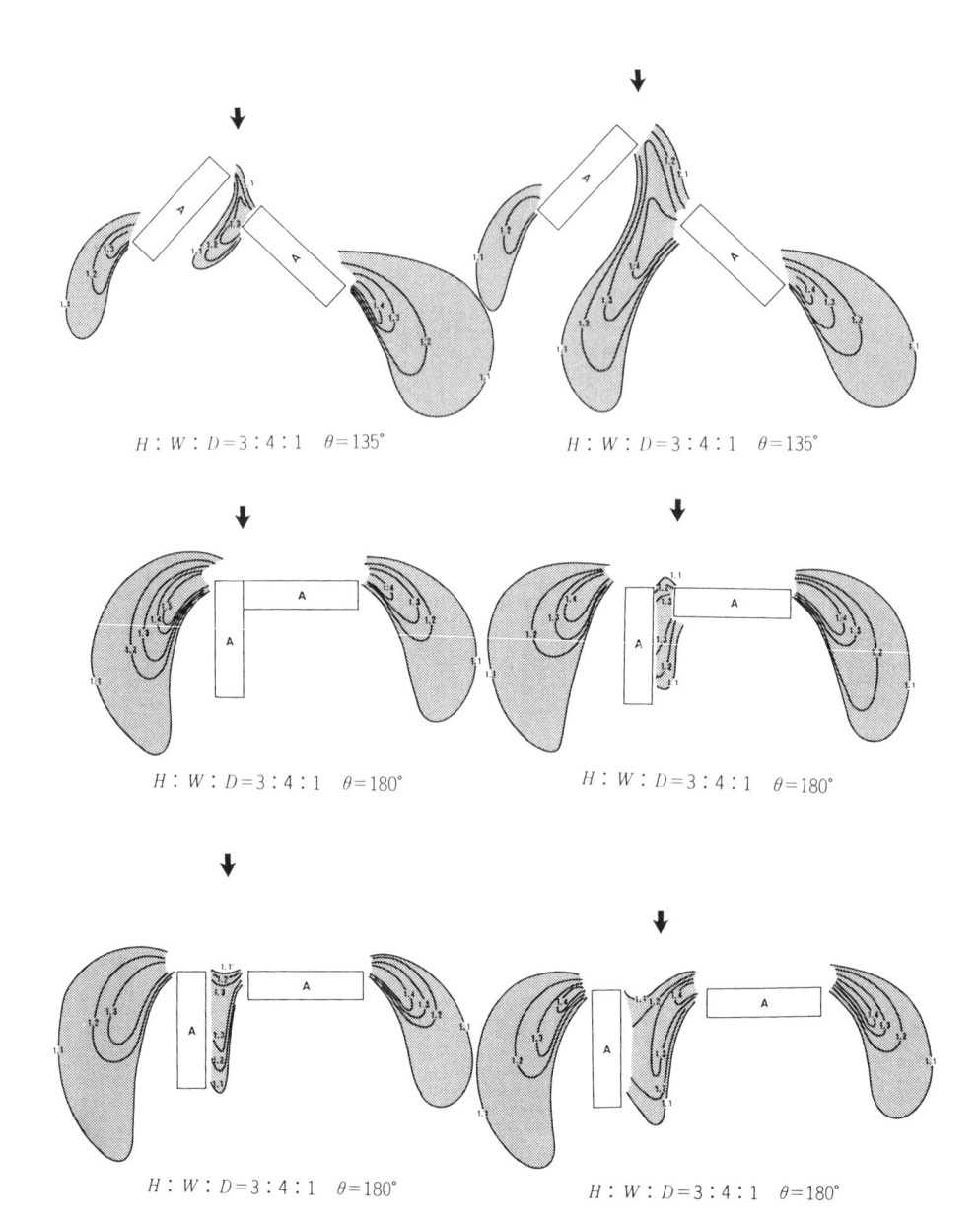

$H:W:D=3:4:1 \quad \theta=135°$

$H:W:D=3:4:1 \quad \theta=135°$

$H:W:D=3:4:1 \quad \theta=180°$

$H:W:D=3:4:1 \quad \theta=180°$

$H:W:D=3:4:1 \quad \theta=180°$

$H:W:D=3:4:1 \quad \theta=180°$

資料編 151

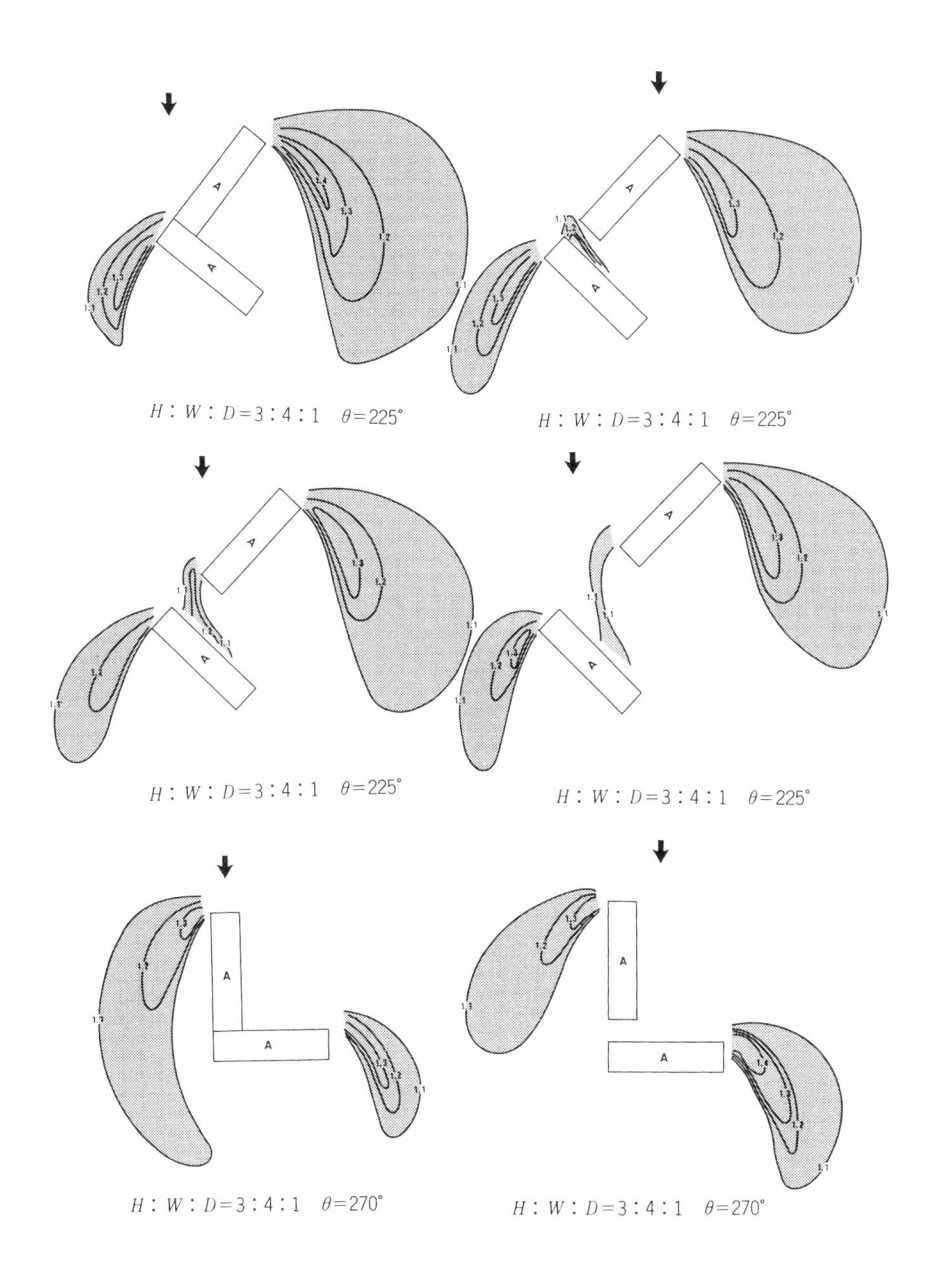

$H:W:D=3:4:1 \quad \theta=225°$

$H:W:D=3:4:1 \quad \theta=225°$

$H:W:D=3:4:1 \quad \theta=225°$

$H:W:D=3:4:1 \quad \theta=225°$

$H:W:D=3:4:1 \quad \theta=270°$

$H:W:D=3:4:1 \quad \theta=270°$

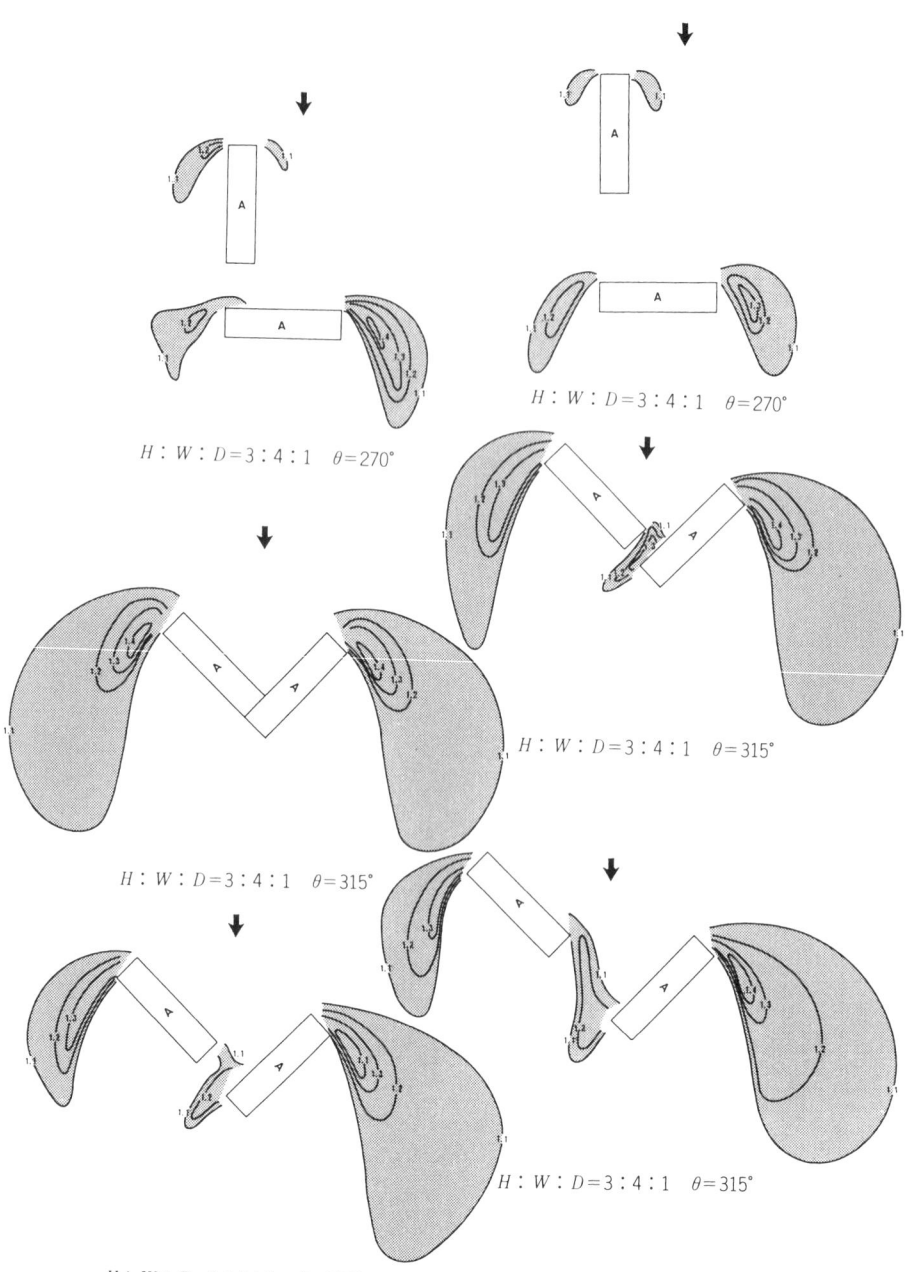

$H:W:D=3:4:1 \quad \theta=270°$

$H:W:D=3:4:1 \quad \theta=270°$

$H:W:D=3:4:1 \quad \theta=315°$

$H:W:D=3:4:1 \quad \theta=315°$

$H:W:D=3:4:1 \quad \theta=315°$

$H:W:D=3:4:1 \quad \theta=315°$

■資料6　ビル風検討例

以下に検討例を示す。
(1)　風洞実験による風環境評価
(2)　流体数値解析による風環境評価
(3)　既往の研究成果に基づく風速増減率の予測

6.1　風洞実験による検討例

6.1.1　対象建物
対象建物は都心域に建設される高さ150mの超高層建物である。

6.1.2　風洞実験条件
計画建物はかなりの高層でもあり，かなりきめ細かな対策の必要のあることが予測されるので風洞実験を行うこととした。実験条件は次に示すようにする。

(1)　実験模型

実験模型は，高層建物の建設による影響が懸念される建物高さ約2倍程度までの測定が行えるように，高層建物高さの約2.7倍の範囲（半径400m）を縮尺1/400で作製することとする。模型寸法では直径2mとなる。

(2)　実験気流

実験時の気流は周辺の状況を考慮した計画地周辺で想定される自然風を用いることとする。具体的には，中層建築物が多く建ち並ぶ地域であるので地表面粗度区分Ⅳとした。なお，地表面粗度区分とは周辺の建物の規模や密集度合などと風の特性を関連付けたもので，本編2.3項で詳しく説明している。

(3) 測定点

測定点は高層建物の建設による風環境の変化が予測される可能性のある図-資6.1に示す100点とする。測定高さは，風工学研究所の提案する風環境評価指標を用いるので地上5 m とした。

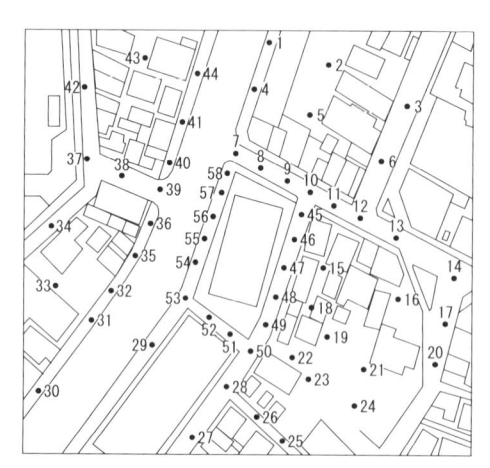

図-資 6.1 風洞実験の測定点

6.1.3 風洞実験結果

風洞実験より得た北北西の風向時の風速比のベクトル図を図-資6.2

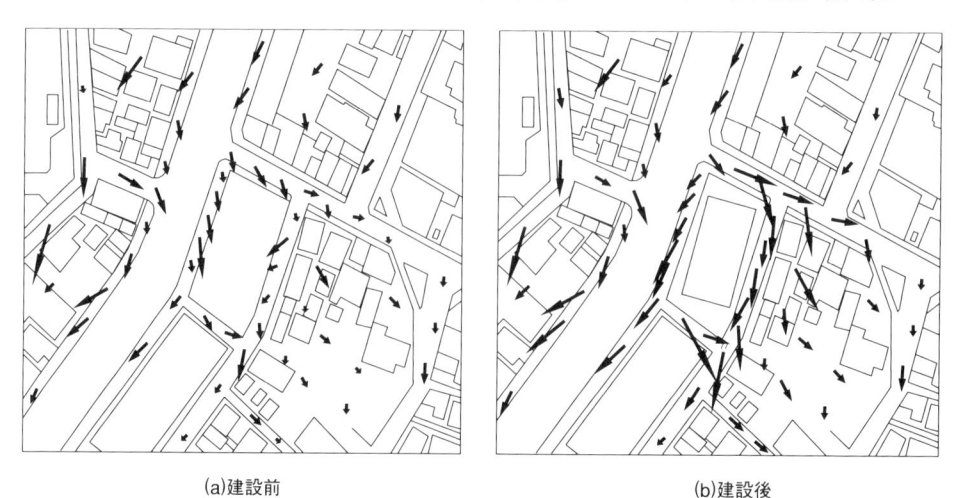

(a)建設前　　　　　　　　　　　　　(b)建設後
図-資 6.2 風洞実験結果（風向北北西時の風速比のベクトル図）

に示す。ここでは基準点を東京管区気象台としているので，風速比は地上 74.5 m 高さの風速に対する各測定点での風速の比を示すこととなる。矢印はベクトル（長さが風速比の大きさで向きが風向）表示となっている。同図は風向北北西の場合を例に示したものであるが，風向に対しサイドとなる高層建物の東西での風速比が増加していることがわかる。

図-資 6.3 にはいくつかの測定点について風速比を円グラフで示した。

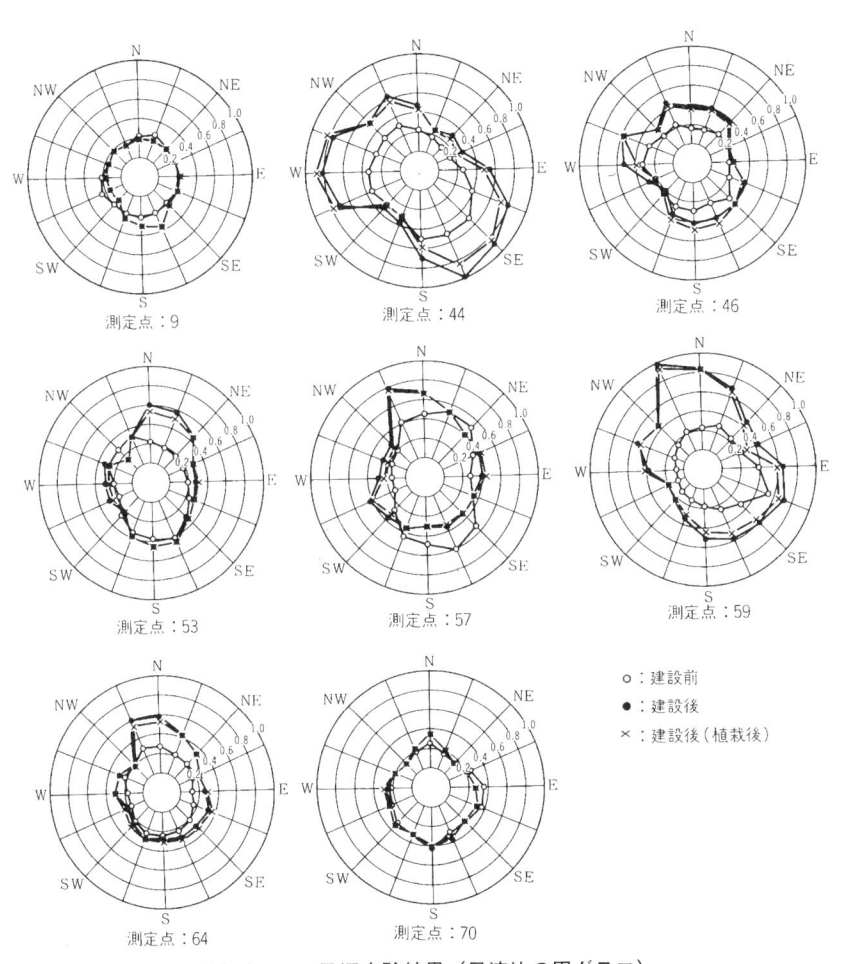

図-資 6.3 風洞実験結果（風速比の円グラフ）

この図より，たとえば測定点57では，NNW，N付近の風向で高層建物建設後に風速が増加し，風向 SE～S 付近の風向では逆に風速が低下していることが読み取れる。また，測定点44ではSSE付近の風向で植栽による対策で風速が若干低下していることがわかる。

6.1.4　風環境評価

風環境の評価は風工学研究所の提案する指標を用いるので，気象台の平均風速の記録および風洞実験から求めた風速比を用いて累積頻度55

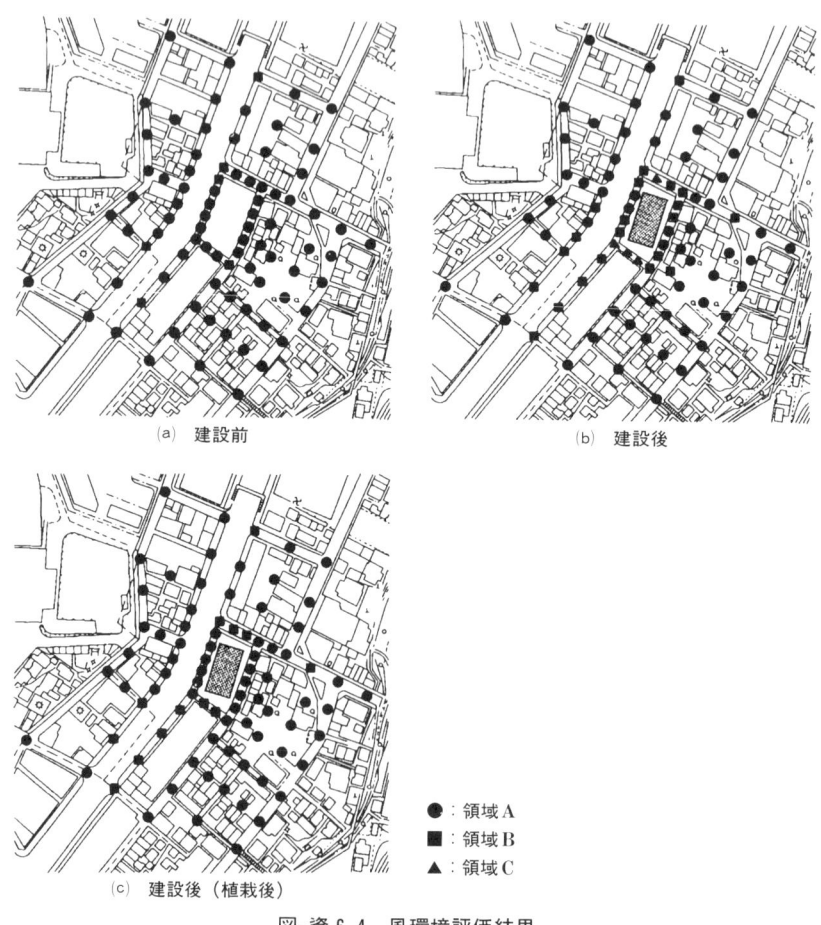

(a) 建設前

(b) 建設後

(c) 建設後（植栽後）

● : 領域A
■ : 領域B
▲ : 領域C

図-資6.4　風環境評価結果

％と 95 ％の風速を計算より求め，それより風環境を評価し，図-資 6.4 に結果を示す。同図より，高層建物建設前は領域 A が主で，一部に領域 B が見られる程度の風環境であったのが，高層建物が建設されることにより一部に領域 C の風環境が見られるようになる。計画地周辺は住宅も多く見られるので，対策を施すことによりすべての領域 C を領域 B，建設後に領域 B となった一部を領域 A へと改善した。

6.2 流体数値解析による検討例

ビル風の検討における流体数値解析の役割も，風洞実験と同様で風速比を求めることである。したがって，流体数値解析を用いた場合の手順も風洞実験を用いた場合の手順と基本的には同じであり，結果の精度を別にすると得られる結果は同じである。ここでは風洞実験と同様の手順で検討を行い，風洞実験との差異を中心に述べる。

6.2.1 対象建物

対象建物は都心域に建設される高さ 150 m の超高層建物である。

6.2.2 解析条件

解析条件は，対象物が風洞実験と同じであれば，流体数値解析を行うに当り必要な条件も実験と同様である。風洞実験と流体数値解析の違いは風速比を求める手法の差である。

(1) 実験模型

実験模型は，図-資 6.5 に示すように，計画地を中心に半径 300 m の範囲を作成する。また，その範囲外であっても，建物の規模が大きく対象地域の流れに影響を与える可能性のある建物については再現している。

(2) 解析方法

風況の予測で用いる解析方法は，流体を記述する基礎方程式のレイノ

図-資 6.5　流体数値解析用地域模型

ルズ平均を行い，平均化によって現れるレイノルズ応力を経験的方法でモデル化する方法（RANS）の1つである k-ε モデルを用いる。数値実験における格子数は解析領域全体で約 200 万点で，計画地近傍における水平方向の最小解像度は，約 0.4 m である。図-資 6.6 に計算領域，図-資 6.7 に周辺建物を再現している領域の計算格子を示す。

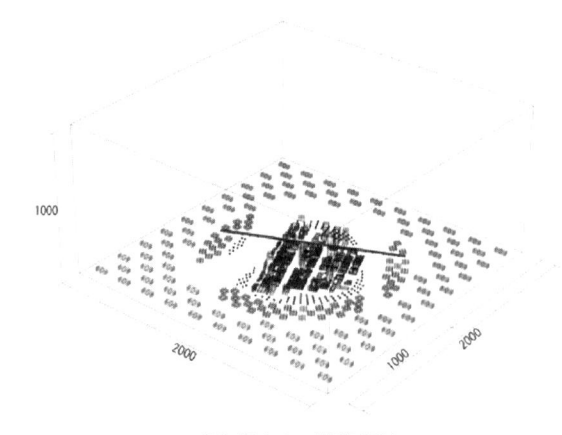

図-資 6.6　計算領域　　　　　図-資 6.7　計算格子

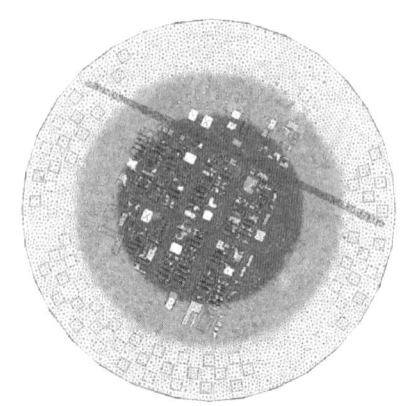

| 高層建物建設前 | 高層建物建設後 |

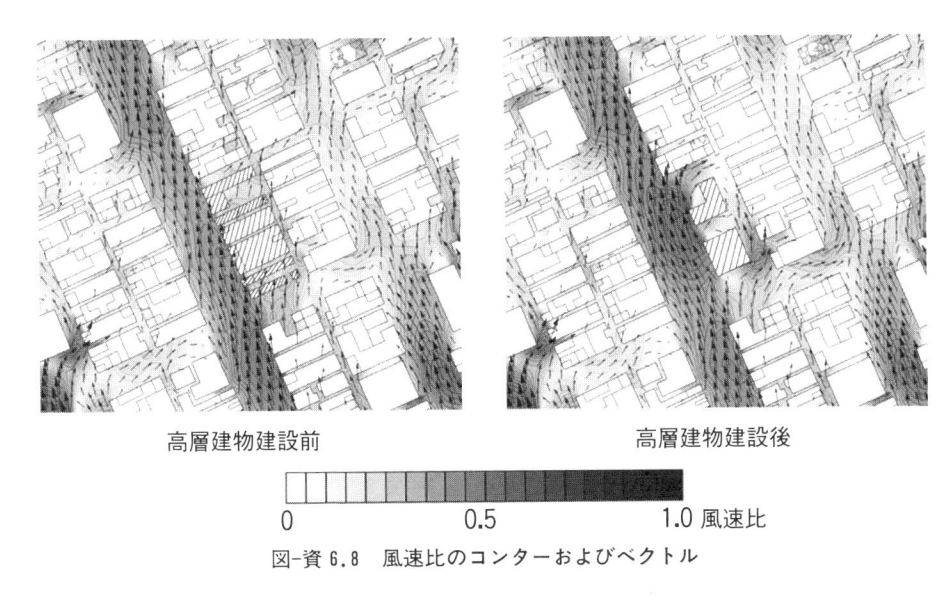

0　　　　　　0.5　　　　　　1.0 風速比

図-資 6.8　風速比のコンターおよびベクトル

(3) 実験気流

　実験時の気流の設定条件は，風洞実験とほぼ同様であるが，流体数値解析では，乱れの強さを直接与えることができない。乱流エネルギー k および乱流エネルギーの消散率 ε の値を定める必要がある。

(4) 測定点（風環境の評価点）

　流体数値解析では，解析領域全体の風況を求める。図-資 6.8 は風向頻度の高い風向，南西における風速の分布を示したものである。建設前後を比較すると，高層建物の建設における計画地西側の道路の風が強くなっていることがわかる。流体数値解析では，風況を求めた後に，このような解析結果を参考にして，任意の場所に測定点を定めることも可能である。風洞実験では，実験を行った後に他の地点の結果を得ることはできない。これは流体数値解析の大きな利点といえる。

6.3　既往の研究成果に基づく方法による検討例

6.3.1　対象建物

　対象とする建物は図-資 6.9 に示す高さ 40 m の高層建物である。平

図-資 6.9　検討建物

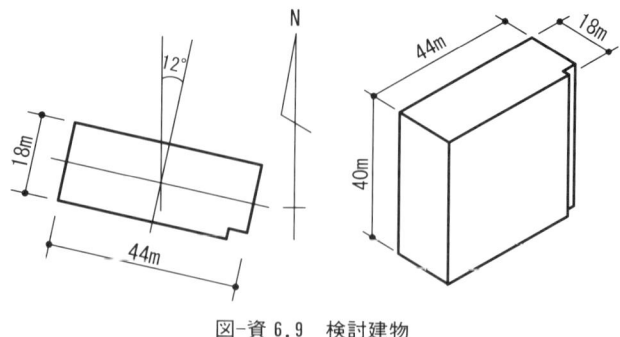

面形状は一部の角が隅欠きされているが、ほぼ矩形平面と見なせる。建物の向きは北と12°ずれている。

6.3.2　風速増減領域の予測

建築予定の高層建築物周辺は2階建て住宅がほぼ均質に建設されている住宅地であり、建物の平面形状もほぼ矩形とみなせるので机上検討に

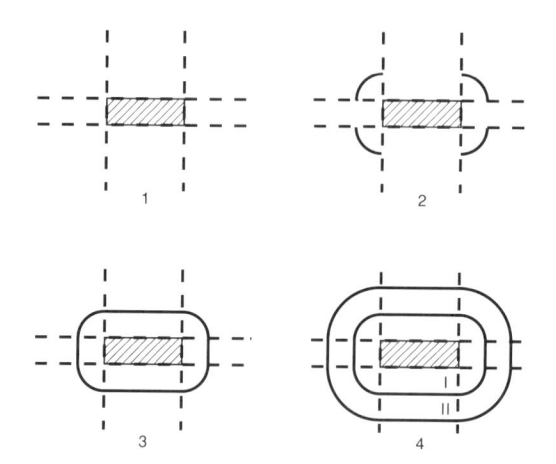

1　各辺の延長線を引く
2　建物高さを半径とする4半円を4隅で描く
3　4半円を直線で結ぶ
4　同様に建物高さの2倍の領域を求める

図-資 6.10　風速増加領域の求め方

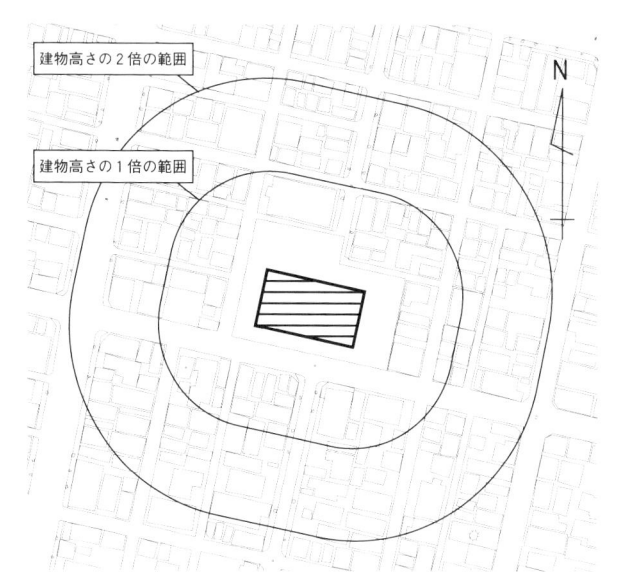

図-資 6.11 計画建物の建設による風速増加領域

より風速の増減率を算定する。一般的に高層建物の建築により風速が増加される範囲は建物高さの 1〜2 倍程度であるので，その領域を描く方法は図-資 6.10 に示すように壁面から建物高さの範囲を描くようにして行う。図-資 6.11 は具体的に計画地に当てはめた例である。

6.3.3 風速増減率の予測

計画建物の平面形状は必ずしも矩形ではないが，ほぼ矩形と考えられるので高さ：幅：奥行を次のように定める。これを求めると以下に示すようになる。

H(高さ)：W(幅)：D(奥行) $= 40\,\mathrm{m} : 44\,\mathrm{m} : 18\,\mathrm{m} = 2.0 : 2.3 : 0.9$

$H : W : D \fallingdotseq 2 : 2 : 1$ とほぼ同様の比率であるので，参考とする。同種の比率の例は資料編 5 (126, 127 頁参照) にあり，風向角 15° の場合を図-資 6.12 に示す。ちなみに，建物高さが 50 m 程度のとき，$H : W : D = 2 : 2 : 1$ の結果と $H : W : D = 3 : 2 : 1$ の結果から中間の性状として検討する方法もある。

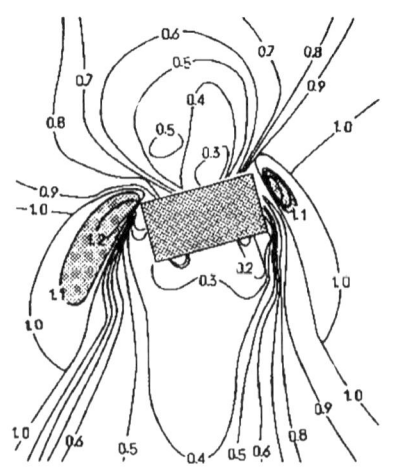

図-資 6.12　H(高さ)：W(幅)：D(奥行)＝2：2：1 の風速増減率

表-資 6.1　風向と角度との関係

風向	角度	参考とする角度	風向	角度	参考とする角度
北	$-12°$	$15°$	南	$168°$	$15°$
北北東	$10.5°$	$15°$	南南西	$190.5°$	$15°$
北東	$33°$	$30°$	南西	$213°$	$30°$
東北東	$55.5°$	$60°$	西南西	$235.5°$	$60°$
東	$78°$	$75°$	西	$258°$	$75°$
南南東	$100.5°$	$75°$	西北西	$280.5°$	$75°$
南東	$123°$	$60°$	北西	$303°$	$60°$
南南東	$145.5°$	$30°$	北北西	$325.5°$	$30°$

　さて，計画されている高層建物と方位との角度は表-資6.1に示すようになるが，全く同じ角度があることはなく，同表の角度の結果を用いることとする。

　風向，北北西について示せば図-資6.13のようになる。これより，高層建物の建設により頻度の高い北北西のとき3割の風速増加の可能性が示されたこととなる。

　上図において周辺建物高さより下方の風速は，高層建物の建設以前か

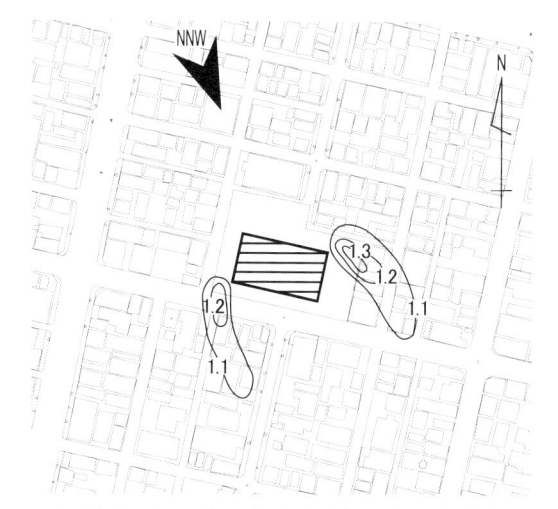

図-資 6.13 風向：北北西の場合の風速増減率

らそれらの影響で場所により風速が異なるため，ここで示される風速の増減率そのものとは異なる。このことは本編 4.2.3 項で示した。しかしながら，周辺建物の屋根頂部付近での状況をほぼ示しており，また，周辺の少し開けた所（高層建築建設前でも比較的風が強いような場所）に対する風速のおよその比率と考えることができる。ここで，どの程度の風速増加までが許容されるかを決めることは難しいが，一応の目安としては風向頻度の高い風向において2〜3割以上の領域については検討が必要といえる。ただし，繰り返しになるがこの方法はあくまでもおよそのビル風の影響範囲を示すもので，詳細は風洞実験や流体数値解析をすることが望まれる。

Q&A

Q&A1　なぜ，高層建物が建設されると風が強くなるの？

　高層建物が建設される前にその部分を通過した流れは行き場を失い，建物側面および頂部付近を迂回することになります。そのとき，もともとの風をなくすことはできませんし，流れる部分が建物に遮られて狭くなりますので，その部分で風速が高まります。したがって，建物が建設されて風速が増加するところは建物の両サイドと頂部を超える部分となります。通常，建物の頂部付近の風速増加はあまり問題になりません。一方，建物両サイドを吹きぬける風は吹き降ろしの現象を伴い地上付近の風速を増加させます。比較的低い建物の場合には頂部を超える風が主となり，建物サイドを廻り込む流れが少ないためにビル風の問題が発生しにくいのです。このような理由で高層建物周りで風速増加が発生します。したがって，通常，地上付近での風速が増加するのは風向に対して建物の側方に当る部分で，その他の部分では風速増加は生じません。ただし，高層建物が単独でなく複合して建設される場合にはより複雑な流れとなり，建物側方以外の部分でも風速増加の可能性があります。また，勘違いしてはいけないのは，高層建物が建設されると常に強い風が吹くと思われている方がいらっしゃるようですが，高層建物が風を噴出すわけではありませんので，もともと風のない日は高層建物周りでも強い風は吹きません。

　関連した内容は本編の2章で示されています。

Q&A 2　風は何倍になるの？

　高層建物が建設されると風速は何倍になるのという質問をよくされます。周辺建物の状況によって大きく異なりますが，基本的な性状は本編4章に示してあり，単独の建物の場合は数割の増加率ですが，周辺に建物があるときには場合によっては数倍となることもあります。詳しくは本編4.2.2および4.2.3を参考にしてください。

　ただし，この倍率（風速増減率と呼ばれる）は高層建物建設による影響の程度を示す上でわかりやすい表現と思われがちですが，以下の2つの理由で，風速増加率のみからビル風の影響評価を行うことはできません。

　1つの理由は，受忍の程度を定めることができないからです。高層建物を建てたことにより風速が3割増しになったとき，3割増し程度ならたいしたことはない，とするか，3割も増して大変だ，とするかです。いずれにしても，何割増しまでがよく，それを超えれば悪いのかを定める方法が定まっていないということです。

　もう1つは，倍率が必ずしも風速の強弱を示すとは限らないからです。たとえば，高層建物が建設される前でも，地上付近の風には強弱があります。風向に平行な幅広い道路は風が強いし，風向に直角で狭い道路は風が弱くなります。また，駅前広場や学校の校庭のような開けたところも強い風が吹きやすいのです。たとえば，A地点での風速が 5 m/s，B地点での風速が 8 m/s 吹いていたとします。高層建物が建設されたことによりA地点は 10 m/s，B地点は 12 m/s となったとします。この場合，高層建物建設後に風速が何倍になったかを計算しますと，A地点が2倍，B地点は1.5倍です。倍率は圧倒的にA地点が大きいですが，実際はA地点の 10 m/s の風よりB地点の 12 m/s の風のほうが危険です。ということで，風速の倍率だけで判断することは危険で，確率的な評価（本編6章参照）をするようになってきたわけです。

Q&A 3　ビル風によりどんなことが起こるの？

　高層建物が建設され，ビル風によってどのような風障害が発生するかが心配です。ビル風による風障害は，十分に解明されていない部分もありますが，ビル風特有の特別な風が吹くというよりは，強い風の発生頻度が高まるために生じます。すなわち，ビル風によって竜巻のような渦が発生して特別な被害が発生するというようなご心配はないと考えてよいと思います。したがいまして，ビル風害も通常発生する風害と異なることはありません。ただし，強い風の発生する頻度が高まりますので，今までは気にならなかった風による現象が浮き彫りになることはあります。主な風害は，(a)周辺家屋などに及ぼす影響，(b)日常的な生活環境に及ぼす影響，(c)歩行者など人体に及ぼす影響，などに分けることができますが，詳しくは本編の3章にまとめられています。

Q&A 4　いやな風ってどんな風？

　風の強さを人体がどのように感じるかは，室内気流のような微風を扱う場合の評価指標はあるのですが，外部の強風を含む風に対する適切な評価指標はないのが実状です。風に対する感覚は，髪や衣服がばたついて気になるとか，冷感などの主に知覚としての問題，および風で身体があおられるなどの物理的な風圧力による問題とに分けられます。確かに，夏季の涼しい風も冬季は冷たく厳しい風になります。これらは性別，年齢，着衣量，活動内容など様々な要因によって変化します。一般性をもった結論を示すことは難しく，また個人差がありますが，おおむね瞬間風速 5 m/s が知覚としての不快の風の始まり，瞬間風速 10 m/s が風圧力による不快の始まりといえそうです。詳しくは，本編3章に示されています。

Q&A5　ベランダの風はどうなるの？

　一般的にビル風は地上付近の風を対象として評価がなされます。したがいまして，通常はベランダなどを対象とした高い位置での風速は検討されません。とはいえ問題とならないというわけではありません。一般的にビル風の影響度合は上空ほど小さくなりますので，地上ほどの変化は生じないと考えられます。ただし，通常，風速は上空ほど強くなりますので風としては強いことは理解しておく必要があります。このことは本編4.2項の最後のほうに示されています。

　また，現在広く用いられているビル風の評価指標が地上付近の風を対象としているので，厳密にはこれをもってベランダの風環境を直接に評価することはできません。ただし，同じ人間が生活する空間でもあり，現時点では，現在用いられているビル風の評価指標を参考に判断していくのが一般的です。

Q&A6　ビル風を防ぐにはどうしたらいいの？

　防風対策といえば，必ず植栽に関係することが出てきます。もちろん，植栽は防風対策の重要な手段で，効果もあります。ただし，大規模の高層建物に対抗するわけですので，それだけでは難しい場合もあります。まずは，その地域でよく吹く風の風向を調べ，その風向に対しなるべく影響の少ないような建物形状や配置を考えることが最も重要です。程度の差もありますので，植栽で対策可能な場合もあります。植栽以外にも，フェンス，庇などによる対策もあります。詳しくは7章をご覧下さい。

Q&A 7　防風植栽はどのくらい効果があるの？

　樹木による防風対策は古くから防風林として用いられ，その効果も実証されております。その防風効果については本編の7.2項に示されていますように，風速を半減することも可能です。ただし，以下の点に注意が必要です。
(1)　葉の繁っている期間だけの防風の期待であれば落葉樹でもよいですが，通常の防風用の樹木としては常緑樹が用いられます。通常の風洞実験や流体数値解析では落葉樹は考慮しません。
(2)　高層建物近くでは吹き降ろしが強いときがありますので，周辺に高層建物などのない場合の樹木で見られるような高い効果は期待できない場合もあります。
(3)　風の強いところに植栽しますので，十分に生育しない場合が多く見られます。群植する，養生をよくする，などが必要です。

Q&A 8　防風対策の具体例を知りたい？

　最近では防風対策を施した高層建物の例が多く見られるようになりました。ただし，公表することに少し抵抗がありますので，抽象的な書き方になってしまいますが，以下に主なものを列記しておきます。
(1)　大々的に計画段階の建物形状から対策を施した例としてはJR田町駅近くのNEC本社ビルが有名です。東京で風向頻度の高い南北の風に対して風穴を設け，その中を風を通過させることにより，吹き降ろしを少なくし，地上付近の風速を弱めるという考えです。
(2)　最近の高層建物近くには必ずといっていいほど防風植栽が施されています。冬季に高層建物近くの樹木で妙に青々と繁っている常緑樹はほぼ防風植栽と思っていただいてよいかと思います。

(3) 隅欠きや隅切りを施した建物が随分多く見られます。必ずしも，すべてが防風対策のために行ったかどうかは別にして，大きな隅切りや隅欠きはかなりの効果が期待できます。詳しくは本編7.2.3を参照してください。
(4) 吹き降ろしを防止するために大きな庇を設けているビルが多く見られます。特に，出入口付近のように人通りの激しいところへの対策として効果的です。詳しくは本編7.2.2を参照してください。
(5) 少し奇異な感じがしますが，屏風のような防風のためにデザインされたフェンスが設置されているのもよく見かけます。建設後に風が強くて問題になっているところなどへの事後対策として有効です。

Q&A9　事故があったら補償されるの？

　ビル風が原因で事故が起きれば基本的には補償されます。ただし，対象となる建物が原因しているかどうかが重要で，一般的には立証責任は原告側にありますから，専門家にお願いするなどの必要があり，簡単ではありません。私どもでも対応したケースはあります。実際に現地で観測をしているような場合は別ですが，通常，次のような方法が取られます。まず，最寄の気象台などで事故の発生した頃の風向風速記録を入手します。得られた風向から，高層建物と事故の発生した位置関係から高層建物により風速が増加する可能性があったかどうかを判断します。因果関係があるということであれば，それで立証されたこととなります。とはいえ，そのときの風速がさほどでもない場合，一般にはその程度の風速では事故がおきないと判断される場合もあります。たとえば，老朽化がかなり進んでいる建物の場合などがこのような例に相当します。また，どの程度の影響であったかが問題となる場合には，対象となる高層建物が建設される以前の状況を予測する必要がありますので，風洞実験などの必要が生じる場合もあります。

最近では裁判になるケースも多く，判例を資料編3に示しておきました。

Q&A 10　どこへ相談すればいいの？

　自宅のそばに高層建物が建設される予定で心配です。さて，どこに相談に行けばよいのでしょうか？　まずは，建築主，設計者，施工者のいずれでもよいのですが，建設者サイトに聞くのが第一です。通常，建設現場に掲げているお知らせ看板に連絡先などが書かれています。そのとき，高層建物が建設されても問題ないという技術的な資料を要求するのが大切です。そして，納得いくまで説明を受けてください。対応の悪い場合には，多くの地区で『中高層建築物の建築に係わる紛争の予防と調整に関する条例』というのが定められていて，風害について説明を求められた場合には説明をする義務があります。もちろん，大規模な建物などは条例などでビル風の調査を義務付けられていることもありますので，そのような問いかけや，区役所などへ相談をしてみるのもよいと思います。
　関連基準につきましては資料編1に示しておきました。

Q&A 11　行政の対応はどうなの？

　ビル風に関する詳細はかなり専門的な知識が必要ですので，行政の窓口ですべてを対応できるようなことはありません。ただし，対応の仕方などについては指導してくれる可能性はありますので，市役所や区役所へ相談するのも解決の糸口をつかむ方法です。また，大半の地域で『中高層建築物の建築に係わる紛争の予防と調整に関する条例』を制定して

いますので，この場合，近隣住民（多くは建設予定の建物の等倍の高さの2倍の範囲の方々）が風害についての説明を求めるなら説明の義務があります。

　関連基準につきましては資料編1に示しておきました。

Q&A 12　法律はどうなっているの？

　ビル風に関する直接的な法律はありません。ただし，都道府県や市区町村などで制定された条例や指導要綱はあります。概要は資料編1に示してありますが，詳細は市役所や区役所の窓口やホームページで調べてはいかがでしょうか。どの程度の規模からビル風調査の義務付けがあるかなどがわかります。

　ビル風の評価は風を確率的に捉えて行います。わかりやすくいえば，ある風速以上の風が何％あり，それが高層建物の建設によってどのように変化するかで評価するということです。その方法には，風工学研究所が提案する方法と村上氏らが提案する方法とがあります。詳しくは本編7章，簡単にはQ&A 18をご覧ください。法律ではありませんので確実な決まりはありませんし，罰則もあるわけではありませんが，行政では多く以下のような指導をします。

(1) 高層建物の建設により新たに領域Dあるいはランク4を発生させてはならない。
(2) 高層建物の建設により2ランク以上の変化は避けるようにする。
(3) 住宅地の場合，領域Cあるいはランク3を新たに発生させないようにする。

　なお，領域 A，B，C，D あるいはランク1，2，3，4とは，風工学研究所および村上氏らが提案している風環境の評価指標に示される風環境のランクを示すもので，詳しくは本編6章をみてください。

Q&A 13　判例はあるの？

　風害が紛争の主対象となった事例は，1974年に却下の決定が下された大阪地方裁判所における仮処分申請が最初です。その後もいくつかの判例はありますが，いずれも判決で住民側の意見が本格的に認められたことはありませんでした。2001年，大阪府堺市に建設されたマンションによるビル風害で住民側の意見が初めて認められました。精神的苦痛を被ったほか，住居およびその土地が無価値になったとして，損害賠償を請求した事例です。2001年大阪地方裁判所の判決では，風害による精神的苦痛に対する慰謝料および弁護士費用が認められ，さらに2003年に大阪高等裁判所の判決では，これらに加えて風害による不動産価値の下落も認められました。詳しくは資料編3をご覧ください。

　とはいえ，最近では多くの判例がこのようになっているかというと，依然，住民側の意見が認められることは少ないようです。ただし，判決にまで至らずに，和解で住民側の意見が認められようになっていることは確実です。いずれにしても，原則として，原告側に立証責任がありますので，本格的に取り組まない限り住民側の意見が認められることは少ないようです。

Q&A 14　風の観測はどのように行えばいいの？

　くるくる廻る風車型やお椀型の風速計をよく目にすることがあります。いとも簡単に計れそうで，知りたいところに取り付けておけばと思いがちですが，そうはいきません。まず，風は局所的な影響を敏感に受けますので，風にとっての障害物があまりにも近くにありますと風がゆがめられその地域を代表するような風を観測することはできません。また，特定の風の強いときに観測しても無駄になることがあり，一般性を

もたせるためには長期にわたる観測が必要になってきます。また，基準となるような風との対比を行わないと高層建物の建設による影響を判断することはできません。要するに，高層建物が建設されなくてもそのような強い風が吹いていた可能性を否定できないからです。調べたい地点の風速が高層建物の影響のない地点での風速に対して何割ぐらいであって，高層建物が建設されたら何割に増えたなど，を示す必要があるということです。

　詳しくは本編8章に示しております。

Q&A 15　ビル風の予測方法は？

　ビル風の予測方法については本編5章に詳しく示しています。大きく分けて以下の3つの方法があります。
(1)　風洞実験
(2)　流体数値解析
(3)　既往の研究成果に基づく方法

　風洞実験による方法は，実績もあり，予測精度に関する検討もされており，かなり信頼のおける手法です。流体数値解析による方法は，近年のコンピュータなどの発達によりかなりの精度が確保され，実務でも利用されるようになってきています。これらに比べ，既往の研究成果に基づく方法では限界があり，周辺の建物による複合的な影響のない，たとえば，1，2階建ての建物が均質に建設されている住宅地に建設される高層建物の場合などが対象となります。あるいは，かなり影響が少ないと判断される場合の検討や，最終的には風洞実験や流体数値解析を行うが，事前に検討しておくためのものとして利用することなどが考えられます。

Q＆A 16　風洞実験とは？

　風洞実験については本編5章に詳しく示してあります。風洞実験とは大きな扇風機みたいな機材で風を発生させ，そこに模型を入れて地上付近の風を測定するものです。もちろん，自然の風と同様の風を再現する必要がありますので精度の高い装置が必要となります。模型の縮尺は，広く1/100〜1/1,000が用いられますが，多くは1/300〜1/500です。模型の再現範囲は対象としている高層建物高さの2〜4倍程度で，模型上では直径1〜2m程度となります。また，計画地の部分は高層建物建設前後の両方の状況となるように取替え可能としておきます。測定点は，高層建物の建設による影響範囲が建物高さの1〜2倍の範囲ですので，その範囲に100地点程度を設置します。実験模型の準備ができますと，現地で想定される自然の風を風洞内に再現し，高層建物が建設前と建設後の状況について風速を測定します。さらに，必要であれば，防風対策を施し実験を行います。風洞実験で得た結果は気象資料と関連付けて解析をし，ビル風の評価を行います。ビル風評価につきましては本編6章を参考にしてください。

Q＆A 17　流体数値解析とは？

　流体数値解析の目的は風洞実験と同じです。流体数値解析でも都市を再現した模型をCADなどで作成します。模型の再現範囲も風洞実験と同様に対象としている高層建物高さの2〜4倍程度です。流体数値シミュレーションでは，模型上空の空間を細かく分割（格子）して流れを記述する方程式を数値的に解くことにより行います。しかしながら，コンピュータの計算性能が高速化した現在においても，ビル風のように複雑な流れに対し，流れを記述する方程式を直接用いて解くことは容易では

ありません。この場合の空間の分割方法や自然風の特徴のモデル化など，解析結果に影響を与える重要な点が数多くあり，かなり専門的な知識が必要です。したがいまして，市販の解析ソフトを購入すればすぐに実際の建物に当てはめた解析ができるというものではありません。結果の検証にも，かなりの風工学の専門的な知識が必要です。

流体数値解析については本編5章の5．2項に詳しく示してあります。

Q＆A 18　ビル風はどのように評価するの？

現在，一般的に行われているビル風（風環境）の予測評価フローを図-Q 18.1に示します。詳細は本編6章の6．2項に示しています。

まず，建設地特有の風の性質がありますのでそれを調査します。風環境の評価に必要な風の性質は風向と風速です。ここで必要なのは皆さんが直接地上で感じておられる風ではなく上空の風です。なぜならば，ここで必要なのは地物に影響されない高層建物に吹き付ける風の性質が必

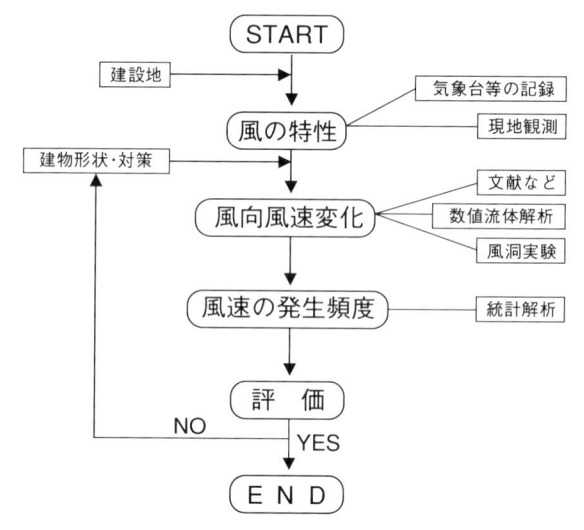

図-Q 18.1　風環境調査フロー

要だからです。したがって，ここで必要な風の性質は建てる建物に関係なく，建設地の地理的位置で決まります。一般的には気象台などの記録が用いられます。後で，統計解析をしますので，3〜10年程度の長期間の記録が必要です。気象台のデータに関する情報は資料編4に示されています。

次に，計画されている建物に対し風向風速の変化を予測することとなりますが，数値流体解析，風洞実験などいずれの方法を用いても同様ですが，これらの役割は地上付近の風速と基準点の風速との割合を求めることです。これを風速比と呼びます。

(風速比) = (計画地の地上付近での平均風速) ÷ (基準点での平均風速)

この風速比は，風洞実験でも実際でも基準点の平均風速によらず一定であるという性質をもっています。したがいまして，風速比を用いることで基準点の風速と地上付近での風速を一対一に対応することができます。ある点での風速比が0.5であることの意味するところは，この地点の風速は基準点の半分の風速になることで，たとえば，基準点での平均風速が10 m/sのときこの点では5 m/s，基準点の平均風速が20 m/sのとき10 m/sの風が吹くことを意味ます。したがって，風洞実験などにより風速比を求めておけば，基準点での長期間にわたる記録より，すべて計画地周辺の実際の風に置き換えることができることとなり，さらにはある風速以上となる頻度を数えることができます。すなわち，例をもって示せば，計画されている建物が建設される以前は強い風が10％であったのが，建物が建設されることによって20％に変化する，などが求まることとなります。以上を統計的に行って将来を予測します。これが図-Q 18.1のフローに示す統計的解析による風速の発生頻度です。これにより風環境の評価を行います。

風速の発生頻度からビル風の評価をすることとなりますが，評価指標には風工学研究所の提案による方法と村上氏らの提案による方法とがあります。これらの詳細は本編6.2項に示されています。評価の結果，風環境の改善が望まれるなら対策を講じ，風洞実験などにより再調査を行い，統計解析，評価を繰り返すこととなります。

Q&A 19　確率的な評価って？

　ビル風の確率的な評価とは，ビル風を風の発生する割合で評価しようとするものです。たとえば，風速 10 m/s 以上の強い風が建設前に週に1回程度であったのが週に2回に変化する，というようなことです。ビル風の影響を簡単に表現しようとすると，高層建物が建設されることによって風速が何割増しになるのか，というようになります。とてもわかりやすそうですが，何割増しまでなら許容できるのか，あるいはできないのかを定めるのが難しいのです。また，このような風が吹く可能性はどの程度あるのかを加味する必要もあります。さらに，同じ何割増しでも建設前にどの程度の風速が吹いていたのかによって意味が異なることとなります。たとえば，風洞実験などで高層建物が建設されることによりA地点では6割増し，B地点では2割増しの風が吹くと予測されれば，当然，6割増しのA地点を問題とします。ところが，この場合の建設前の風速がA地点は住宅の風下となっているため 5 m/s，B地点は比較的広い道路で 8 m/s の風が吹いていたとしますと，建設後にはA地点では 8.0 m/s（5×1.6），B地点では 9.6 m/s（5×1.2）の風が吹くこととなりますので，実際にはB地点のほうが問題となります。以上のような不都合を改良したものが確率的な評価方法です。

　ビル風の確率的な評価方法につきましては，詳しくは本編6章に示してあります。

Q&A 20　風工学評価と村上評価どちらが厳しいの？

　現在，風環境の評価を行う場合の指標として風工学研究所が提案するものと，村上氏らが提案するものとがあります。ともに，風速の発生する割合がどのくらいかで評価する点では同じですが，以下の点で異なり

ます。
(1) 風工学研究所の評価では平均風速が用いられるのに対し，村上氏らによるものは日最大瞬間風速が用いられます。
(2) 評価高さが風工学研究所によるものは地上 5 m，村上氏らによるものは地上 1.5 m です。ただし，村上氏らによるものの場合，実験精度などの観点から多くの場合 2～3 m 程度の高さで予測されます。この高さでも，多くの市街地は 2 階建て以上の建物が建ち並ぶ地域であり，地上 5 m 程度以下の高さの風は大きく変わらないと思われます。

両者の風環境の評価に関しては第 6 章に説明していますが，ほぼ同じ評価がなされます。場合によっては 1 ランクのずれが生じることもありますが，どちらが厳正であるというような偏った傾向は見られません。この点についても，本編 6.2.1(3) に詳しく示しています。

Q & A 21　ビル風の影響範囲はどのくらいなの？

高層建物の建設により風速増加の可能性がある範囲は高層建物の形状によって異なり，簡単に表現するわけにはゆきません。平面の形状を矩形として考えた場合，幅による影響もありますが，多くの場合，高さによる影響が顕著に現れます。思い切って影響範囲を表現すれば，比較的細くて高い場合には高さの 1 倍程度，比較的幅が広い場合，高さの 2 倍程度といえます。ただし，対象となる高層建物がどちらのタイプであるのかを判断するのも難しい場合があり，およそ建物の外壁面から建物高さの 1～2 倍が影響範囲と見ればよいと思います。したがって，通常，建物高さの 2 倍を超える地域では高層建物の建設による影響はないと見てよいということです。

INDEX

ア行

AMeDAS　108
アメダス　108
LES　51
鉛直分布　16
鉛直分布係数　18

カ行

開口部風　32
荷重指針　17
ガストファクター　15
風環境　9
風環境評価指　60,62,63
風切音　25
風騒音　25
環境影響評価技術指針　99
環境影響評価条例　99
環境基本法　99
観測　87
観測期間　87
観測機器　89
観測地点　88
基準点　47
机上検討　53,66
気象庁風力階級　59
気象年報　109
季節変動　87
逆流　31,38

境界層　44
境界層風洞　44
強風災害　70
グンベル分布　58
グンベル係数　58
格子サイズ　51
格子平均　51

サ行

再現期間　70
最大瞬間風速　15,21
裁判事例　105
GIS　50
事後調査基準　100
自然流　46
実験気流　46,153
実験模型　44,153
集合平均　51
充実率　75
周辺気流　9
出現頻度　56
樹木　74
上空風高度　20
数値シミュレーション　43
数値流体解析　43
隅欠き　83
隅切り　82,83
隅丸　83

施行令　16
設計風速　19
セットバック　84
総合設計許可　100
そらまめ君　109

タ行

大気汚染常時監視測定局　109
谷間風　31,36
地域気象観測システム　108
地上気象観測指針　89
地表面粗度区分　17
中空化　85
超音波風向風速計　89
超過頻度　56,66
低層部　80
適風環境　10
東京管区気象台　155
統計解析　66
突風率　15,67

ナ行

日最大風速　15
日最大瞬間風速　15,179

ハ行

剥離流　30
庇　80
評価方法　65
ビューフォート風力階級　59
ビル風害　23,173
ピロティ風　32
風害　9,23

風害裁判　105
風向出現頻度　56,109
風車型風向風速計　89
風速増加率　33
風速増減率　33,39,53,119,167
風速比　39,47,93,155
風洞実験　43,153,174,175,177,178
風杯型風速計　89
フェンス　74,75
吹き下ろし　30
平均風速　15
べき指数　20,33
壁面の凹凸　84
防風対策　73
歩行障害　26

マ行

乱れの強さ　20

ヤ行

矢羽根型風向計　89
予測精度　48

ラ行

ラフネスブロック　46
ランク1　62
RANS　51
流体数値解析　43,49,157,174
領域A　60
領域C　60
領域D　60
領域B　60
隣棟間隔　38

累積頻度　56

ワ行
ワイブル分布　57
ワイブル係数　58, 109

〈編著者紹介〉

株式会社　風工学研究所
〒101-0051　東京都千代田区神田神保町3-29
URL　http://www.wei.co.jp

ビル風の基礎知識

2005年12月10日　　発行Ⓒ
2008年 4 月30日　　第2刷発行

編著者　　風工学研究所
発行者　　鹿 島 光 一

装　幀　　高木達樹
印刷・製本　　創栄図書印刷

発行所　　鹿島出版会
　　　　　〒107-0052
　　　　　東京都港区赤坂6-2-8
　　　　　電話03-5574-8600　振替00160-2-180883

無断転載を禁じます。落丁・乱丁本はお取替えいたします。
ISBN4-306-03333-3　C3052　　Printed in Japan

本書の内容に関するご意見・ご感想は下記までお寄せ下さい。
URL:http://www.kajima-publishing.co.jp
e-mail:info@kajima-publishing.co.jp